示范性职业教育“十四五”建设项目

电工电子技术（上）

（智媒体版）

主　编　陈舟劢　何旭东
副主编　雷静静

西南交通大学出版社
·成　都·

图书在版编目（CIP）数据

电工电子技术. 上：智媒体版 / 陈舟劢，何旭东主编. —成都：西南交通大学出版社，2021.8
ISBN 978-7-5643-8185-1

Ⅰ. ①电… Ⅱ. ①陈… ②何… Ⅲ. ①电工技术－高等职业教育－教材②电子技术－高等职业教育－教材 Ⅳ. ①TM②TN

中国版本图书馆 CIP 数据核字（2021）第 164020 号

Diangong Dianzi Jishu (Shang)(Zhimeiti Ban)

电工电子技术（上）（智媒体版）

主编 陈舟劢 何旭东

责任编辑 赵永铭
封面设计 吴 兵

出版发行 西南交通大学出版社
（四川省成都市金牛区二环路北一段 111 号
西南交通大学创新大厦 21 楼）
邮政编码 610031
发行部电话 028-87600564 028-87600533
网址 http://www.xnjdcbs.com
印刷 成都勤德印务有限公司

成品尺寸 185 mm × 260 mm
印张 8.25
字数 201 千
版次 2021 年 8 月第 1 版
印次 2021 年 8 月第 1 次
定价 28.00 元
书号 ISBN 978-7-5643-8185-1

课件咨询电话：028-81435775

贵阳职业技术学院教材建设委员会

前 言

高职高专教育作为我国高等教育的重要组成部分，承担着培养高素质技术技能人才服务经济建设的重任。近年来，随着产业结构的升级和社会岗位的更新变化，要求职业教育改革，要整合资源建设专业群对接产业链、人才链，更好服务经济社会的发展。“电工电子技术”是轨道交通专业群（省级重点专业群）的专业平台课。为了适应轨道交通职业教育发展的需要，本教材结合轨道交通专业群各专业的人才培养方案，以培养技术型、技能型人才为目标，突出高等职业教育的特点。本教材以项目教学为特色，内容循序渐进，融理论知识、实践技能为一体，以提高学生的职业技能和应用能力为培养目标，重点讲述高等职业教育电工电子相关课程的电工知识。

本教材主要有以下特点：

（1）针对轨道交通类专业，将电子技术与轨道交通相结合的方式，具有专业针对性。

（2）内容与轨道交通类专业的标准要求一致。

（3）在职教专家的指导下，教材采用标准化编写，在内容安排和组织形式上进行了新的尝试，为“做、学、教”一体化的教学奠定了基础。

（4）通过企业调研，邀请企业的工程师、高级技师等一线专家参与教材的编写。

本教材共 4 个大项目，7 个任务，由贵阳职业技术学院陈舟劢等担任主编，编写了项目一和项目四，项目二由李慧、何旭东编写，项目三由雷静静、李慧编写。贵阳职业技术学院倪伟、唐瑶老师作为主审审核了全书的内容，并提出详细的修改意见，在此表示感谢。

限于编者水平，书中难免有不妥之处，希望使用本书的老师和学生批评指正。

编 者

2021 年 3 月

数字资源目录

<table>
<tr><th>项目</th><th>任务</th><th colspan="2">资源名称</th><th>资源类型</th><th>页码</th></tr>
<tr><td rowspan="6">项目一
直流电路分析与应用</td><td rowspan="2">任务一 电位、电压、电流的测试和电路电位图的绘制</td><td colspan="2">欧姆定律</td><td>动画</td><td>008</td></tr>
<tr><td colspan="2">基尔霍夫定律</td><td>动画</td><td>011</td></tr>
<tr><td rowspan="4">任务二 万用表的组装、调试及应用</td><td rowspan="4">万用表的组装、使用及应用</td><td>万用表的组装</td><td rowspan="4">微课</td><td rowspan="4">024</td></tr>
<tr><td>万用表的使用</td></tr>
<tr><td>万用表测轨道信号灯</td></tr>
<tr><td>万用表在轨道线路中的应用</td></tr>
<tr><td rowspan="3">项目二
交流电路分析与应用</td><td>任务一 并联电容补偿装置串联谐振的测试</td><td colspan="2">串联谐振</td><td>动画</td><td>052</td></tr>
<tr><td rowspan="2">任务二 牵引降压所三相四线制负载电压、电流的测量</td><td colspan="2">三相交流电的产生</td><td>动画</td><td>064</td></tr>
<tr><td colspan="2">三相负载的连接</td><td>动画</td><td>067</td></tr>
<tr><td rowspan="3">项目三
磁路与变压器分析应用</td><td rowspan="2">任务一 单相变压器特性的研究</td><td colspan="2">磁场</td><td>动画</td><td>085</td></tr>
<tr><td colspan="2">单相变压器的结构</td><td>动画</td><td>088</td></tr>
<tr><td>任务二 轨道变压器的参数测试</td><td colspan="2">轨道电路</td><td>动画</td><td>097</td></tr>
<tr><td rowspan="3">项目四
电动机及其控制电路的认识和应用</td><td rowspan="3">任务 三相异步电动机正反转控制</td><td colspan="2">三相交流电机模型</td><td>动画</td><td>103</td></tr>
<tr><td colspan="2">三相交流电机动作原理</td><td>动画</td><td>105</td></tr>
<tr><td colspan="2">三相交流电机控制电路</td><td>动画</td><td>119</td></tr>
</table>

目录

项目一　直流电路分析与应用……001
任务一　电位、电压、电流的测试和电路电位图的绘制……003
任务二　万用表的组装、调试及应用……017
项目二　交流电路分析与应用……029
任务一　并联电容补偿装置串联谐振的测试……031
任务二　牵引降压所三相四线制负载电压、电流的测量……063
项目三　磁路与变压器分析应用……083
任务一　单相变压器特性的研究……085
任务二　轨道变压器的参数测试……094
项目四　电动机及其控制电路的认识和应用……101
任务　三相异步电动机正反转控制……103
参考文献……122

项目一

直流电路分析与应用

项目目标

（1）掌握电路的基本物理量和组成。
（2）掌握电路的基本定律、电路的工作状态。
（3）掌握电压源、电流源的概念、特点和等效变换。
（4）掌握支路电流法、叠加原理和戴维南定理的分析方法。
（5）了解电位的概念和计算方法。
（6）掌握电路中各点电位和电路电压的测量方法，理解电位的相对性和电压的绝对性。

任务一

电位、电压、电流的测试和电路电位图的绘制

【任务描述】

电路是电工技术和电子技术的基础，它为学习后面的电子电路、电机电路以及控制与测量电路奠定基础。在轨道交通整个行业，不同专业对电工电子技术都有着不同的应用，例如在铁路信号中信号机的点灯电路就是一种最简单的电路，而轨道电路的三种状态正好对应电路中的通路、断路、短路三种状态。本任务着重讲解电路的基本概念与定律，如电路模型、电压和电流的参考方向、电路的工作状态等。本任务通过对电路中电压、电位、电流的测量，帮助学生理解电位的相对性和电压的绝对性，同时对电流、电阻和电压三者的关系有一个充分的认识。

【知识储备】

一、电路基本概念

电路的作用之一是实现电能的传输和转换，各种电力系统就是典型实例。电路还能实现信号的传递和处理，收音机、电视机的调谐回路和放大电路就是这类实例。电路中提供电能或信号的器件，称为电源。电路中吸收电能或输出信号的器件，称为负载。在电源和负载之间引导和控制电流的导线和开关等是传输控制器件。

图 1-1（a）所示的电路是手电筒的实际电路。它由干电池、灯泡、导线和开关组成。其中，干电池是电源，灯泡是负载，导线和开关是传输控制器件。图 1-1（b）所示为其等效电路。

二、电流及其参考方向

电荷的定向移动形成电流。电流的量值（大小）等于单位时间内穿过导体横截面的电荷量，用符号 i 表示，即

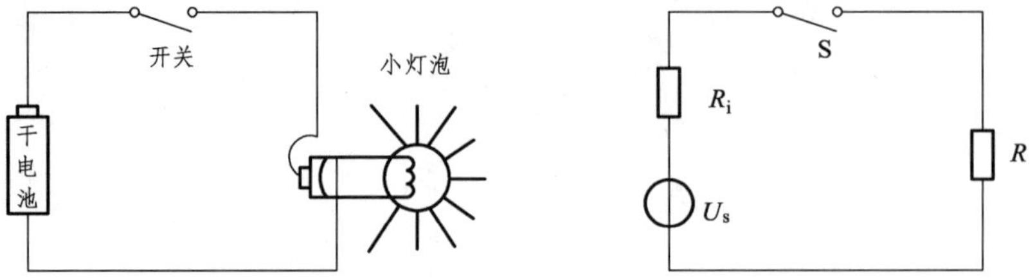

（a）　　　　（b）

图 1-1　手电筒电路

$$i = \lim_{\Delta t \to 0} \frac{\Delta q}{\Delta t} = \frac{dq}{dt} \qquad (1\text{-}1)$$

式中，Δq 为极短时间 Δt 内通过导体横截面的电荷量。

大小和方向随时间变化的电流称为交流电流，用符号 i 表示。在许多电器装置上用符号“AC”或“～”表示交流。

大小和方向不随时间变化的电流称为直流电流，用符号 I 表示。在许多电器装置上用符号“DC”或“-”表示直流。

在直流电路中，式（1-1）可写成

$$I = \frac{q}{t} \qquad (1\text{-}2)$$

在国际单位制中，电流的单位是安[培]，符号为 A。常用的电流单位有千安（kA）、毫安（mA）、微安（μA）等，它们之间的换算关系是

$$1\ \text{A} = 10^3\ \text{mA} = 10^6\ \mu\text{A} = 10^{-3}\ \text{kA}$$

在分析复杂电路时，往往很难事先确定某一段电路中电流的实际方向，若在交变电路中，电流的实际方向则在不断变化，很难在电路中标明电流的实际方向。为此，在分析与计算电路时，常可任意规定某一方向作为电流的参考方向或正方向，并用箭头表示在电路图上。若电流的实际方向与参考方向一致[见图 1-2（a）]，则电流为正值；若两者相反[见图 1-2（b）]，则电流为负值。这样就可以利用电流的参考方向和正、负值来判断电流的实际方向。应当注意，在未规定参考方向的情况下，电流的正、负号是没有意义的。

电流的参考方向可用箭头在电路图上表示，还可用双下标表示，如图 1-2（c）、图 1-2（d）所示。

（a）　　　　（b）

图 1-2　电流的参考方向

三、电压与电动势

1. 电压

电路中 A、B 两点间的电压定义为单位正电荷在电场力的作用下由 A 点移至 B 点电场力所做的功，即

$$u_{AB} = \lim_{\Delta q=0} \frac{\Delta W_{AB}}{\Delta q} = \frac{dW_{AB}}{dq} \tag{1-3}$$

式中，Δq 为由 A 点移动到 B 点的电荷量；ΔW_{AB} 为移动过程中电场力所做的功。

大小和方向都不随时间变化的直流电压，用大写字母 U 表示。交流电压用小写字母 u 表示。对于直流，式（1-3）可写成

$$U = \frac{W}{q} \tag{1-4}$$

在国际单位制中，电压的单位是伏[特]，符号为 V。常用的电压单位有千伏（kV）、毫伏（mV）、微伏（μV）等。

电场力对正电荷做功的方向，就是电位降低的方向，故规定电压的实际方向是由高电位指向低电位。

与电流方向的处理方法类似，可任选一方向为电压的参考方向。通常用三种方式表示：

（1）采用正（+）、负（-）极性表示，称为参考极性，如图 1-3（a）所示。这时，从正极性端指向负极性端的方向就是电压的参考方向。

（2）采用实线箭头表示，如图 1-3（b）所示。

（3）采用双下标表示，如 u_{AB} 表示电压的参考方向由 A 指向 B。

若电压的实际方向与参考方向一致，则电压为正值；若两者相反，则电压为负值。这样就可以利用电压的参考方向和正、负值来判断电压的实际方向。

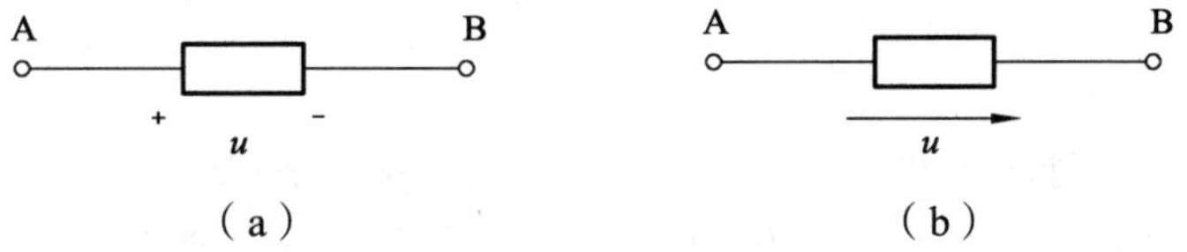

图 1-3　电压的参考方向

对一个元件，电流参考方向和电压参考方向可以相互独立地任意确定，但为了方便起见，常常将其取为一致，称关联方向，如图 1-4 所示；如不一致，称非关联方向。

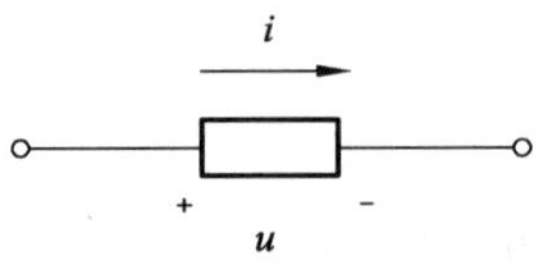

图 1-4 电流和电压的关联参考方向

2. 电动势

电动势是衡量电源内部非静电力做功本领的物理量。在数值上等于电源力把单位正电荷从电源的负极移到正极所做的功。用公式表示为

$$e = \frac{\mathrm{d}W}{\mathrm{d}q} \tag{1-5}$$

电动势的单位与电压一样，也为伏特（V）。

电动势的实际方向与电压实际方向相反，规定在电源内部由负极指向正极。

四、电位

分析电子电路时常用到电位这一物理量。在电路中任选一点作为参考点，则某点的电位就是由该点到参考点的电压。也就是说，如果参考点为 O，A 点的电位就是由该点到参考点 O 的电压。显然，参考点本身的电位为零，所以参考点又叫零电位点。则 A 点的电位为

$$V_{\mathrm{A}} = U_{\mathrm{AO}}$$

电路中 A、B 点两点间的电压等于 A、B 两点的电位差。如果已知 A、B 两点的电位各为 V_{A}、V_{B}，则此两点间的电压

$$U_{\mathrm{AB}} = U_{\mathrm{AO}} + U_{\mathrm{OB}} = U_{\mathrm{AO}} - U_{\mathrm{BO}} = V_{\mathrm{A}} - V_{\mathrm{B}} \tag{1-6}$$

即两点间的电压等于这两点的电位的差，所以电压又叫电位差。

参考点不同，同一点电位不同，但电压与参考点的选择无关。电子电路中常选各有关部分的公共线作为参考点，常用符号“⊥”表示。

五、电功率和电能

1. 电功率

传递转换电能的速率叫电功率，简称功率，用 p 或 P 表示。电功率是电路分析中常用到的一个物理量，习惯上，把发出或接收电能说成发出或接收功率。

因为 $i=\dfrac{\mathrm{d}q}{\mathrm{d}t},u=\dfrac{\mathrm{d}w}{\mathrm{d}q}$

所以 $$p=\frac{\mathrm{d}w}{\mathrm{d}t}=\frac{\mathrm{d}w}{\mathrm{d}q}\cdot\frac{\mathrm{d}q}{\mathrm{d}t}=ui \tag{1-7}$$

如果电流、电压选用关联参考方向，则所得的 p 应看成支路接收的功率，计算所得功率为正值时，表示支路实际接收功率；计算所得功率为负值时，表示支路实际发出功率。

如果电流、电压选择非关联参考方向，p 应看成支路发出的功率，计算所得功率为正值时，表示支路实际发出功率；计算所得功率为负值时，表示支路接收功率。

在直流情况下

$$P=UI \tag{1-8}$$

在国际单位制中，功率的单位为瓦[特]，简称瓦，符号为 W，常用的有千瓦（kW）、兆瓦（MW）和毫瓦（mW）等，它们之间的换算关系是

$$1\ \mathrm{W}=10^{-3}\ \mathrm{kW}=10^{-6}\ \mathrm{MW}=10^{3}\ \mathrm{mW}$$

2. 电能

电能是衡量用电多少的物理量。从 t_0 到 t 时间内，电路吸收（消耗）的电能为

$$W=\int_{t_0}^{t}p\mathrm{d}t \tag{1-9}$$

直流时，有

$$W=P(t-t_0)$$

若 t=0，上式为

$$W=UIt \tag{1-10}$$

在国际单位制中，电能的单位是焦[耳]，符号为 J，在实际生活中还采用千瓦·时（kW·h）作为电能的单位，简称度。

$$1\ \mathrm{kW\cdot h}=3.6\times10^{6}\ \mathrm{J}$$

能量转换与守恒定律是自然界的基本规律之一，电路也遵守这一规律。一个电路中，每一瞬间接收电能的各元件功率的总和等于所有发出电能的各元件功率的总和。或者说，各元件接收的功率的代数和为零。这个结论叫作“电路的功率平衡”。

六、电阻元件

电阻元件是代表电路中消耗电能这一物理现象的理想二端元件（简称电阻），用符

号 R 表示。图 1-5（a）所示为电阻的图形符号。

电流和电压的大小成正比的电阻元件叫作线性电阻元件。

元件的电流与电压的关系曲线叫作元件的伏安特性曲线。线性电阻元件的伏安特性为通过坐标原点的直线，这个关系称为欧姆定律。在电流和电压的关联参考方向下，线性电阻元件的伏安特性如图 1-5（b）所示。欧姆定律的表达式为

欧姆定律

$$u = iR$$

式中，R 是元件的电阻，它是一个反映电路中电能消耗的电路参数，是一个正实常数。国际单位制中，电阻的单位是欧[姆]，符号为 Ω。电阻的其他常用单位有千欧（kΩ）、兆欧（MΩ）等。

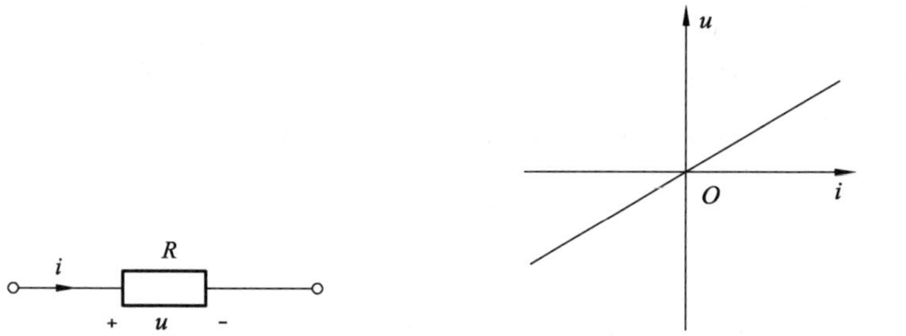

（a）电阻的图形符号　　（b）线性电阻的伏安特性曲线

图 1-5　电阻元件

电流和电压的大小不成正比的电阻元件叫作非线性电阻元件，本书只讨论线性电阻电路。

令 $G = 1/R$，则式（1-7）变为

$$i = uG \tag{1-11}$$

式中，G 称为电阻元件的电导，单位是西[门子]，符号为 S。

电阻元件具有把电能转变为其他形式能量的特点，它是耗能元件。

如果线性电阻元件的电流和电压的参考方向不关联，则欧姆定律的表达式为

$$u = -iR$$

或

$$i = -Gu$$

在电流和电压关联参考方向下，任何瞬时线性电阻元件接受的电功率为

$$p = ui = Ri^2 = \frac{u^2}{R} = Gu^2 \tag{1-12}$$

由于电阻 R 和电导 G 都是正实数，功率 P 恒为非负值，所以线性电阻元件是耗能元件。

如果电阻元件把接收的电能转换成热能，则从 t_0 到 t 时间内。电阻元件吸收的热[量]Q，也就是这段时间内接收的电能 W 为

$$Q = W = \int_{t_0}^{t} p\mathrm{d}t = \int_{t_0}^{t} Ri^2\mathrm{d}t = \int_{t_0}^{t} \frac{u^2}{R}\mathrm{d}t \tag{1-13}$$

若电流不随时间变化，

$$Q = W = P(t - t_0) = PT = RI^2T = \frac{U^2}{R} \cdot T \tag{1-14}$$

式中，$T=t-t_0$是电流通过电阻的总时间。以上两式称为焦耳定律。

线性电阻元件有两种特殊情况值得注意：一种情况是电阻值 R 为无限大，电压为任何有限值时，其电流总是零，这时把它称为“开路”；另一种情况是电阻为零，电流为任何有限值时，其电压总是零，这时把它称为“短路”。

七、电压源与电流源

实际电源有电池、信号源、发电机等，根据电源的特点可以把电源分为电压源和电流源。电压源和电流源是两种有源元件。

1. 电压源

电压源是一个理想二端元件，其图形符号如图 1-6（a）所示。电压源具有两个特点：

（1）电压源对外提供的电压 $u(t)$是某种确定的时间函数，如图 1-6（b）、（c）所示，不会因所接的外电路不同而改变，即 $u(t)=u_s(t)$。

（2）通过电压源的电流 $i(t)$随外接电路不同而不同。

常见的电压源有直流电压源和正弦交流电压源。图 1-6（b）为直流电压源电压的波形曲线，图 1-6（c）为正弦交流电压源电压的波形曲线。

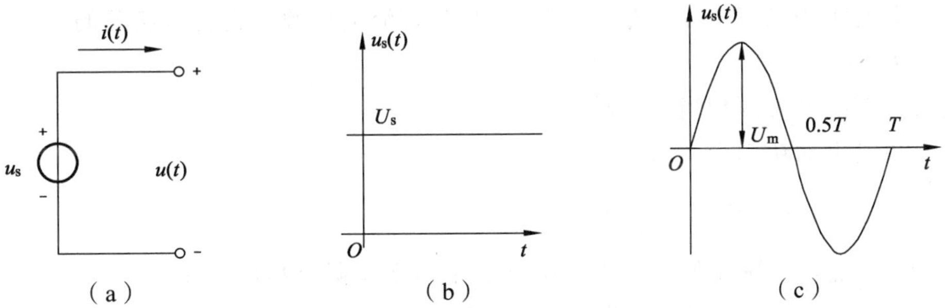

图 1-6　电压源图形符号及电压波形

直流电压源的伏安特性曲线如图 1-7 所示。

电压为零的电压源相当于短路。

由图 1-6（a）知，电压源发出的功率为

$$p = u_s i$$

$p>0$ 时，电压源实际上是发出功率；$p<0$ 时，电压源实际上是接收功率。

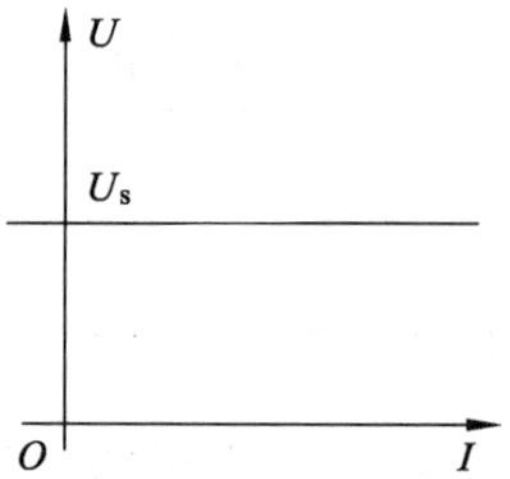

图 1-7　直流电压源的伏安特性

2. 电流源

电流源也是一个理想二端元件，图形符号如图 1-8（a）所示。电流源有以下两个特点：

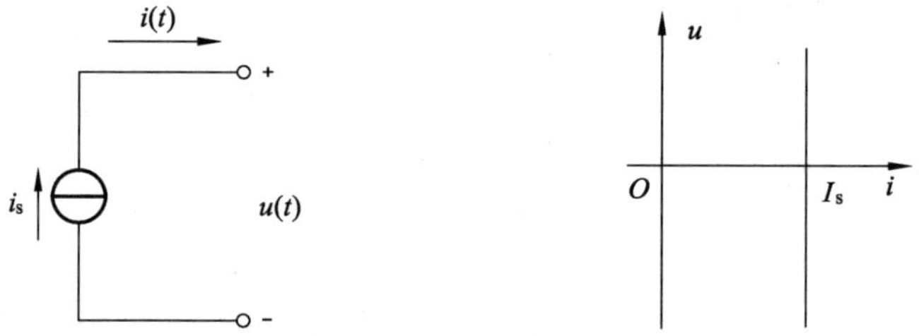

（a）　　　　　　　　　　（b）

图 1-8　电流源图形符号和直流电流源的伏安特性

（1）电流源向外电路提供的电流 $i(t)$是某种确定的时间函数，不会因外电路不同而改变，即 $i(t)=i_s$，i_s是电流源的电流。

（2）电流源的端电压 $u(t)$随外接的电路不同而不同。

如果电流源的电流 $i_s=I_s$（I_s是常数），则为直流电流源。直流电流源的伏安特性曲线如图 1-8（b）所示。

电流为零的电流源相当于开路。

电流源发出的功率为

$$p = ui_s$$

$p>0$，电流源实际是发出功率；$p<0$，电流源实际是接收功率。

例 1-1　计算图 1-9 所示电路中电流源的端电压 U_1，5 Ω 电阻两端的电压 U_2 和电流源、电阻、电压源的功率 P_1，P_2，P_3。

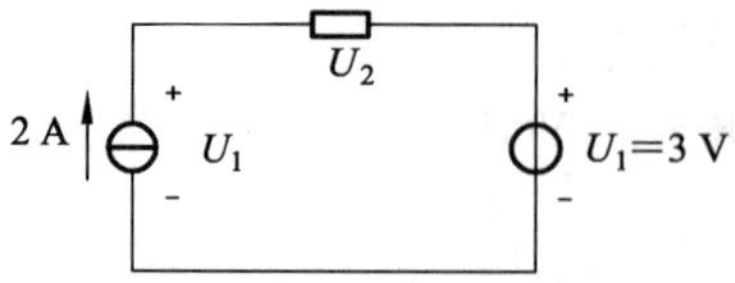

图 1-9　例 1-1 图

解： $U_2 = 5 \times 2 = 10(\text{V})$

$U_1 = U_2 + U_3 = 10 + 3 = 13\,(\text{V})$

电流源的电流、电压选择为非关联参考方向，所以

$$P_1 = U_1 I_s = 13 \times 2 = 26\,(\text{W})\text{（发出）}$$

电阻的电流、电压选择为关联参考方向，所以

$$P_2 = 10 \times 2 = 20(\text{W})\text{（接收）}$$

电压源的电流、电压选择为关联参考方向，所以

$$P_3 = 2 \times 3 = 6(\text{W})\text{（接收）}$$

八、基尔霍夫定律

基尔霍夫定律是分析和计算电路的基本定律，它包括电流定律和电压定律。为了便于讨论，先以图 1-10 为例介绍几个电路结构的术语。

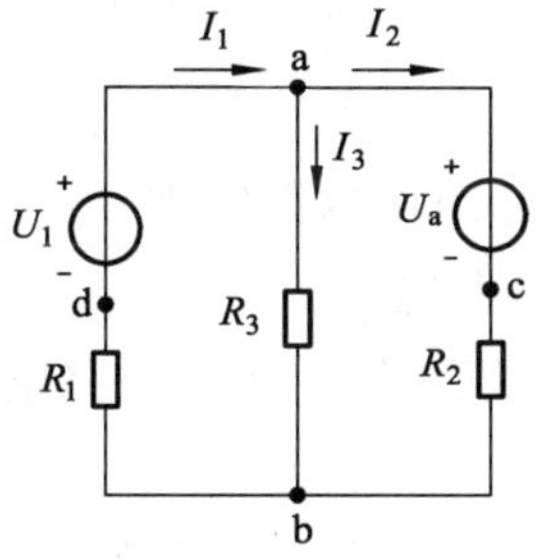

图 1-10　电路实例

基尔霍夫定律

（1）支路：电路中流过同一电流的一个分支称为一条支路。如图 1-10 中有 3 条支路。即 ab，acb，adb。

（2）结点：三条或三条以上支路的连接点称为结点。如图 1-10 中就有 2 个结点，即 a，b。

（3）回路：由若干支路组成的闭合路径，其中每个结点只经过一次，这条闭合路径称为回路。如图 1-10 中就有 3 个回路。即 abda，acba，acbda。

（4）网孔：网孔是回路的一种。将电路画在平面上，在回路内部不另含有支路的回路称为网孔。如图 1-10 中就有 2 个网孔。即 abda，acba。

1. 基尔霍夫电流定律

基尔霍夫电流定律，简写为 KCL，又称结点电流定理，是反映电路中连接在同一结点的各支路电流间的约束关系。根据电荷守恒定律及电流的连续性原理，KCL 定律可表述为：

在电路中，任何时刻流入一个结点电流之和等于流出该结点电流之和。

对图 1-10 中的结点 a，应用 KCL 则有

$$i_1=i_2+i_3$$

将上式可改写成

$$-i_1+i_2+i_3=0$$

写出一般式子，为

$$\sum i=0 \tag{1-15}$$

式（1-15）表明：在集中参数电路中，任何时刻，对任意结点所有支路电流的代数和等于零。

在式（1-15）中，流出结点的电流前取“+”号，流入结点的电流前取“-”号，而电流是流出结点还是流入结点均按电流的参考方向而定。

KCL 原是适用于结点的，也可以把它推广运用于电路的任一假设的封闭面。

因为对一个封闭面来说，电流仍然是连续的，所以通过该封闭面的电流的代数和也等于零，也就是说，流出封闭面的电流等于流入封闭面的电流。

2. 基尔霍夫电压定律

基尔霍夫电压定律，简写为 KVL，又称回路电压定理，是反映电路中对组成任意回路的所有支路电压之间的相互约束关系。表述为：

在电路中，任何时刻沿着任一个回路绕行一周，所有支路电压的代数和恒等于零。用数学表达式表示为

$$\sum u=0 \tag{1-16}$$

在写出式（1-16）时，先要任意规定回路绕行的方向，凡支路电压的参考方向与回路绕行方向一致者，此电压前面取“+”号，支路电压的参考方向与回路绕行方向相反者，则电压前面取“-”号。

在图 1-10 中，对回路 abda 应用 KVL，有

$$u_{ab}+u_{bd}+u_{da}=0$$

KVL 通常用于闭合回路，但也可推广应用到任一不闭合的电路上。如果一个闭合结点序列不构成回路，例如图 1-14 中的结点序列 abca，若在结点 a、b 之间没有支路，但结点 a、b 之间有开路电压 u_{ab}，KVL 同样适用于这样的闭合结点序列，即有

$$u_{ab}+u_{bc}+u_{ca}=0$$

将上式可改写为

$$u_{ab}=-u_{ca}-u_{bc}=u_{ac}+u_{cb}$$

电路中任意两点间的电压是与计算路径无关的，是单值的。所以，基尔霍夫电压

定律实质是两点间电压与计算路径无关这一性质的具体表现。

九、叠加定理

叠加定理可表述为：在线性电路中，当有多个独立电源同时作用时，任意支路的电流或电压等于电路中各个电源单独作用时对该支路所产生的电流或电压的代数和。

当某独立电源单独作用于电路时，其他独立电源应该除去，称为“除源”。即对电压源来说，令其电源电压 u_s 为零，相当于“短路”；对电流源来说，令其电源电流 i_s 为零，相当于“开路”，如图 1-11 所示。

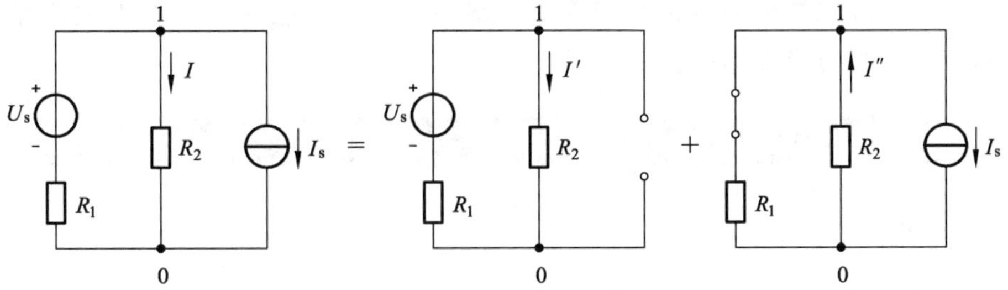

（a）　（b）　（c）

图 1-11　叠加定理举例

注意：在应用叠加定理时，让不作用的电压源短接，不作用的电流源断开；电阻仍保留在电路中。功率不能叠加。

十、戴维南定理

在对电路进行分析计算时，有时只需要求某一支路的电流，而不需要把所有支路的电流都算出来，这时用戴维南定理解决问题非常方便。

戴维南定理指出：

对外电路来说，任何一个线性有源二端网络，如图 1-12（a）所示，都可以用实际电压源来等效，如图 1-12（b）所示。即可用电压源 U_s 和电阻 R_i 串联来代替，其电压源电压 U_s 等于该有源二端网络的开路电压 U_{oc}，如图 1-12（c）所示；电阻 R_i 等于线性有源二端网络除源（网络内所有电源不作用）后两端间的等效电阻 R_{AB}，如图 1-12（d）所示，这就是戴维南定理。

将图 1-12（b）中的电压源与电阻的串联组合又可等效变换为电流源与电阻的并联组合，这就是诺顿定理。诺顿定理在本书中不讨论。

（a）有源二端网络　（b）等效电路

（c）$U_s=U_{oc}$　　　　（d）$R_i=R_{AB}$

图 1-12　戴维南定理

戴维南定理解题步骤如下：

（1）断开所求支路，画出开路图，得一有源二端网络，求开路电压 U_{oc}。

（2）画出无源二端网络等效电路图，将电压源短路，电流源开路，求出等效电阻 R_i。

（3）画出含源二端网络的戴维南等效电路，U_s 应与 U_{oc} 一致。接上被断开支路，利用欧姆定律即得所求支路电流 I。

【任务实施】

一、器材、元件

可调直流稳压电源（电压调至 8 V）、数字电压表、多量程电流表；定值电阻 R_1、R_2、R_3、R_4，R_5；干电池（1.5 V）两节；电压表、电流表。

二、电路工作原理

电路工作原理如图 1-13 所示。

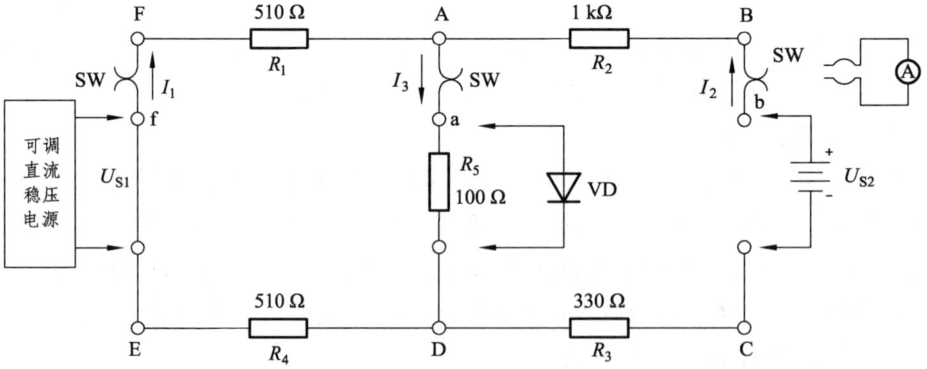

图 1-13　电路工作原理

三、实施步骤

（1）按图 1-13 电路接线，将 8 V 电源（U_{S1}）接于 F、E 两端，将 6 V 电源（U_{S2}）接于 B、C 两端，将 R_5（100 Ω）接于 A、D 两端。

（2）以 A 点作为参考点（电位零点），用电压表测定 A、B、C、D、E、F 各点的电位，记入表 1-1 中

表 1-1　以 A 点为参考点测定各点电位

电位参考点	电位与电压/V											
	V_A	V_B	V_C	V_D	V_E	V_F	U_{AB}	U_{BC}	U_{CD}	U_{DE}	U_{EF}	U_{FA}
A	0											

（3）以 D 点作为参考点，重复上述实验，将结果填入表 1-2 中。

表 1-2　以 D 点为参考点测定各点电压

电位参考点	电位与电压/V											
	V_A	V_B	V_C	V_D	V_E	V_F	U_{AB}	U_{BC}	U_{CD}	U_{DE}	U_{EF}	U_{FA}
D				0								

（4）移除 U_{S2}，调节 U_{S1} 两端电压为 6 V，用电流表测量经过 R_1 的电流 I_1、经过 R_5 的电流 I_3 和经过 R_2 的电流 I_2；重新将 U_{S2} 接入电路，移除 U_{S1}，测量经过 B 处的电流 I_2、经过 R_5 的电流 I_3 和经过 R_1 的电流 I_1；将 U_{S1}（6 V）、U_{S2} 均接入电路，测量 A、D 两端电压及经过 R_5 的电流 I_3、经过 R_1 的电流 I_1、经过 R_2 的电流 I_2。将以上结果填入表 1-3。

表 1-3　测量结果

电压	I_1	I_2	I_3
U_{S1}=6 V			
U_{S2}=3 V			
U_{S1}=6 V，U_{S2}=3 V			
U_{AD}=			

（5）分析以上三种情况中，I_1、I_2、I_3 和 U_{S1}、U_{S2} 的相互关系。

（6）电位图的绘制：根据实训数据，分别绘制出三种测量电路，以及分别以 A 和 D 为参考点的六个电位图。（电位图横轴为以 A、B、…、E、F 为顺序的等分坐标，纵轴为电位的正负数值，如图 1-14 所示，然后将各点电位值用直线连接起来。）

根据各点的电位值，计算出各相邻两点之间的电压值（电位差），与实验测得的数据相比较，分析产生误差的原因。

注意事项：

（1）对可调稳压电源，要先调整到预定值后，关断总电源后，再进行接线。

（2）接线仍遵循“先串后并”的顺序进行。完成接线后，一定要仔细检查。有时检查线路比接线更麻烦，查线的顺序也是先查一条完整回路，然后逐步检查相关并联

支络。

（3）测量电位，通常以黑棒插入参考点，以红棒测量各点电位，对数字电压表会显示出正、负号。

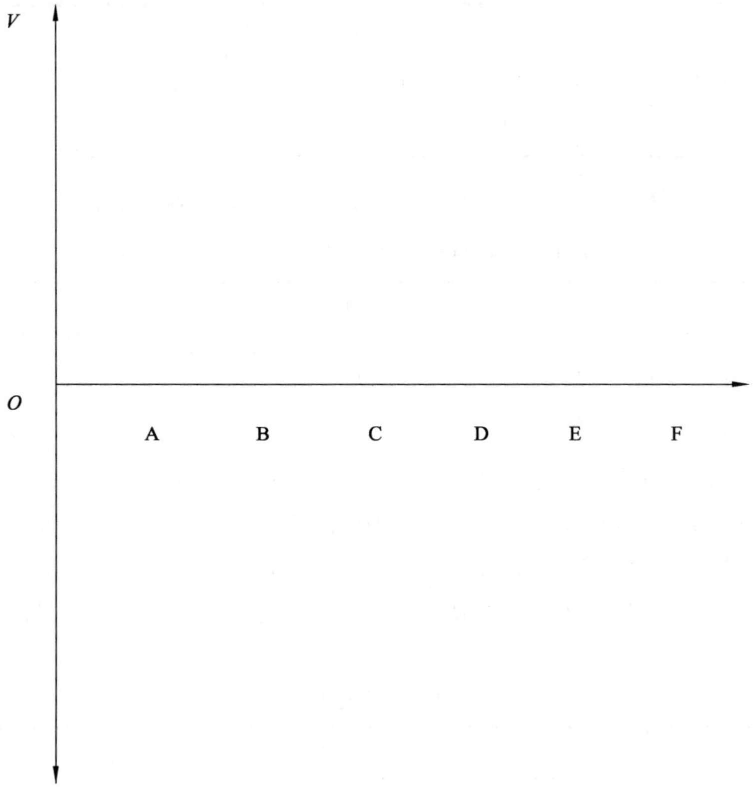

图 1-14　电位图的绘制

【任务小结】

（1）根据实验填写表 1-1、1-2、1-3。

（2）根据实验数据，分别绘制出三种电路，分别绘制以 A 和 D 为参考点的六个电位图。

（3）根据各点的电位值，计算出各相邻两点之间的电压值（电位差），与实验测得的数据相比较，分析产生误差的原因。

任务二

万用表的组装、调试及应用

【任务描述】

万用表是一种广泛使用的仪表，是电工最常用的测试仪表之一，它具有测量交直流电压、直流电流、电阻和音频电压等基本功能，有的万用表还能测量电容量、电感及半导体参数。它具有多用途、多量程、售价低、使用和携带方便等特点。在铁路信号上，我们通过使用万用表测量轨道电路参数来进行轨道电路一次调整，使用万用表测量点灯变压器二次侧电压来调整信号机点灯电压等。

【知识储备】

由线性电阻元件和电源元件组成的电路叫作线性电阻电路，简称电阻性电路或电阻电路。当电路中的电源都是直流时，这类电路简称直流电路。

一、等效网络的定义

电路分析中，如果研究的是整个电路的一部分，可以把这一部分作为一个整体看待。当这个整体只有两个端钮与其外部相连时，就叫二端网络。二端网络的一般符号如图 1-15 所示。二端网络的端钮电流、端钮间的电压分别叫端口电流、端口电压。一个二端网络的端口电压、电流关系和另一个二端网络的端口电压、电流关系相同，这两个网络叫作等效网络。将某一二端网络用与其等效的二端网络替换的过程称为等效变换。将二端网络进行适当的等效变换，可以使电路的分析计算得到简化。

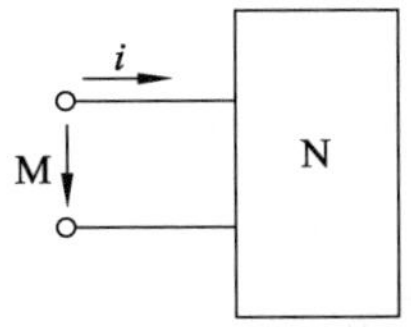

图 1-15　二端网络

二、电阻的串联

（1）定义：如图 1-16 所示，在电路中，把几个电阻元件依次一个一个首尾连接起来，中间没有分支，在电源的作用下流过各电阻的是同一电流，这种连接方式叫作电阻的串联。

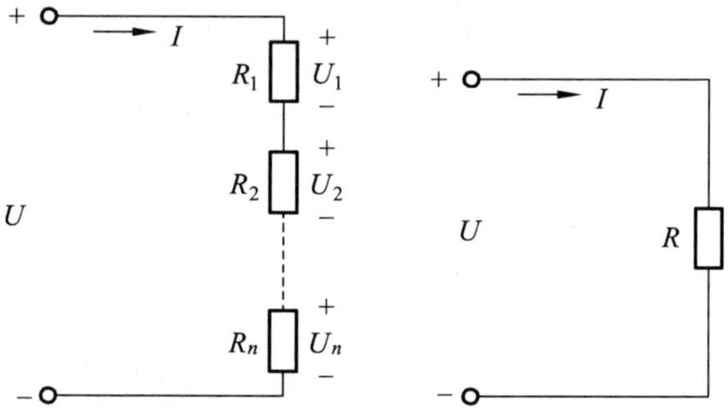

图 1-16　电阻的串联及其等效电阻

（2）电阻串联时的两个特点：

① 等效电阻的大小等于各串联电阻之和

$$R = R_1 + R_2 + \cdots + R_n$$

② 电路总电压等于各电阻上的电压之和

$$U = U_1 + U_2 + U_3 + \cdots + U_n$$

分压公式

$$U_k = R_k I = \frac{R_k}{R} U$$

两个电阻串联时的分压公式：

$$U_1 = \frac{R_1}{R_1 + R_2} U\text{；}\ U_2 = \frac{R_2}{R_1 + R_2} U \qquad (1\text{-}17)$$

电阻的吸收功率与电阻成正比。

三、电阻并联

（1）定义：如图 1-17 所示，一个电路中，若干个电阻的首端、尾端分别连在一起，这种连接方式称为电阻的并联。

n 个电阻并联可等效为一个电阻

$$\frac{1}{R} = \frac{1}{R_1} + \frac{1}{R_2} + \cdots + \frac{1}{R_n}$$

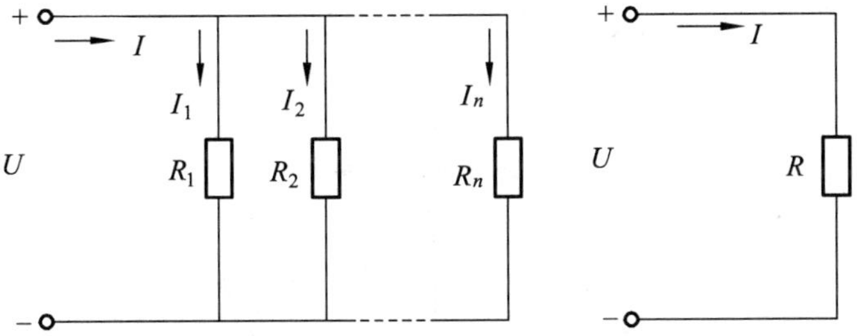

图 1-17　电阻的并联及其等效电阻

（2）电阻并联的两个特点：

① 并联电阻的等效电导等于各电导的和

$$G=G_1+G_2+G_3+\cdots+G_n$$

② 并联电路的总电流等于各电阻上的电流和。

$$I=I_1+I_2+I_3+\cdots+I_n$$

并联电阻的电压相等，各电阻的电流与总电流的关系为：

$$I_k=G_kU=G_kI/G$$

分流公式（两个电阻并联时）

$$I_1=\frac{R_2}{R_1+R_2}I\ ;\quad I_2=\frac{R_1}{R_1+R_2}I \tag{1-18}$$

电阻的吸收功率与电阻成反比。

四、电阻的串、并联

若一个二端网络，既有电阻的串联，又有电阻的并联，则称为电阻的串、并联或混联。就端口特性而言，该二端网络等效为一个电阻。只有一个电源作用的串、并联电路，可用电阻的串、并联化简成一个等效电阻和电源组成的单回路，称为简单电路。简单电路的计算步骤是：先将二端网络等效为一个电阻，算出总电压（或总电流），然后用分压、分流的办法计算出原电路中各电阻的电压（或电流），再计算出功率。

例 1-2　进行电工实验时，常用滑线变阻器接成分压器电路来调节负载电阻上电压的高低。图 1-18 中 R_1 和 R_2 是滑线变阻器，R_L 是负载电阻。已知滑线变阻器额定值是 100 Ω、3 A，端钮 a、b 上输入电压 U_1=220 V，R_L=50 Ω。试问：

（1）当 R_2=50Ω 时，输出电压 U_2 是多少？

（2）当 R_2=75Ω 时，输出电压 U_2 是多少？滑线变阻器能否安全工作？

解：（1）当 R_2=50Ω 时，R_{ab} 为 R_2 和 R_L 并联后与 R_1 串联而成，故端钮 a、b 的等效电阻

$$R_{ab}=R_1+\frac{R_2R_L}{R_2+R_L}=50+\frac{50\times50}{50+50}=75(\Omega)$$

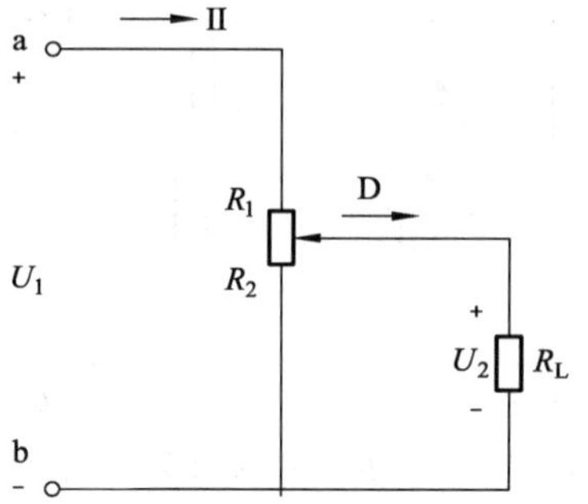

图 1-18　例 1-2 图

滑线变阻器 R_1 段流过的电流

$$I_1 = \frac{U_1}{R_{ab}} = \frac{220}{75} = 2.93(\text{A})$$

负载电阻流过的电流可由电流分配公式求得，即

$$I_2 = \frac{R_2}{R_2 + R_L} \times I_1 = \frac{50}{50+50} \times 2.93 = 1.47(\text{A})$$

$$U_2 = R_L I_2 = 50 \times 1.47 = 73.5(\text{V})$$

（2）当 R_2=75Ω 时，计算方法同上，可得

$$R_{ab} = 25 + \frac{75 \times 50}{75+50} = 55(\Omega)$$

$$I_1 = \frac{220}{55} = 4(\text{A})$$

$$I_2 = \frac{75}{75+50} \times 4 = 2.4(\text{A})$$

$$U_2 = 50 \times 2.4 = 120(\text{V})$$

因 I_1=4 A，大于滑线变阻器额定电流 3A，R_1 段电阻有被烧坏的危险。

求解简单电路，关键是判断电阻的串、并联关系。一般情况下，先通过观察进行判断。当电阻的串、并联关系不易看出时，无电阻的导线最好缩成一点，可先将电路中的各结点用代号标出，再将各元件连在相应的结点间。

例 1-3　求图 1-19（a）所示电路中 a、b 两点间的等效电阻 R_{ab}。

解：（1）先将无电阻导线 d、d′缩成一点用 d 表示，则得图 1-19（b）

（2）并联化简，将图 1-19（b）变为图 1-19（c）。

（3）由图 1-19（c），求得 a、b 两点间等效电阻为

$$R_{ab} = 4 + \frac{15 \times (3+7)}{15+3+7} = 4 + 6 = 10(\Omega)$$

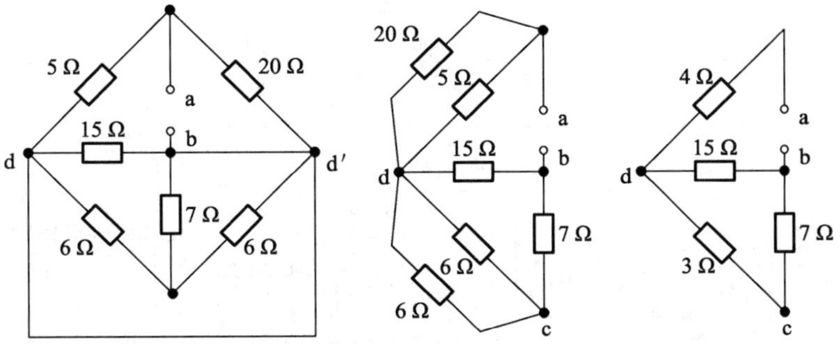

图 1-19　例 1-3 图

【任务实施】

一、器材、元件

万用表散件、电路原理图、焊接图、干电池等。

二、电路工作原理

万用表电路工作原理如图 1-20 所示。

三、直流电流测量原理

测量直流电流的基本原理如图 1-21 所示。

直流电流由红表笔、保险管、分流电阻 $R_1 \sim R_4$、限流电阻 R_{22}、WH_2、表头、黑表笔构成测量回路。分流电阻起分流作用，被测电流越大，分流电阻阻值越小，万用表直流电流挡有 0.5 mA、5 mA、50 mA 和 500 mA 四个量程。

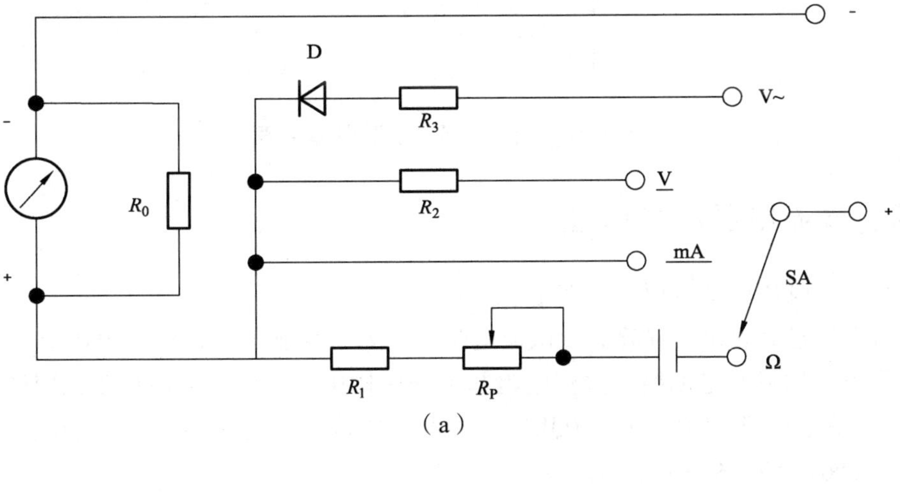

（a）

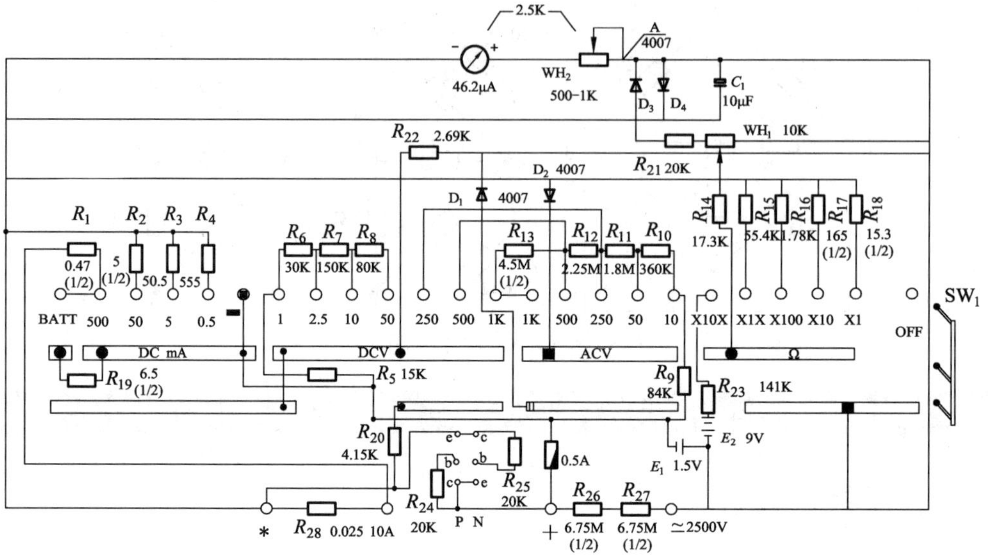

（b）

图 1-20 电路工作原理

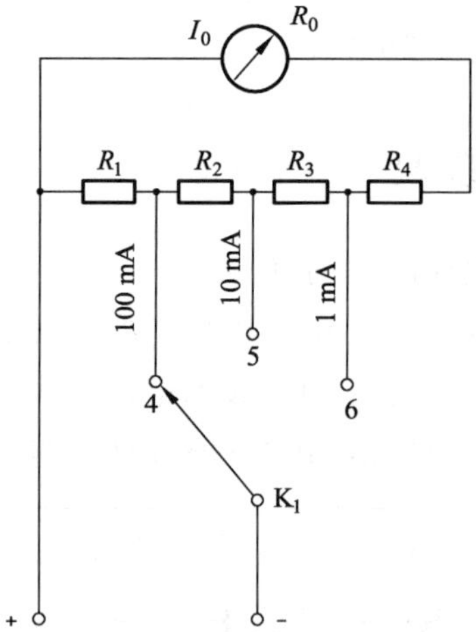

图 1-21 测量直流电流的基本原理

四、直流电压测量原理

测量直流电压的基本原理如图 1-22 所示。

直流电压经红表笔、保险管、限流电阻 $R_5 \sim R_7$、转换开关、限流电阻 R_{22}、WH_2、表头、黑表笔构成测量回路。限流电阻起到分压作用，不同量程串接不同限流电阻，量程越大，限流电阻阻值越大。万用表直流电压挡有 1 V、2.5 V、10 V、50 V、250 V、500 V、1 000 V 和 2 500 V 挡位。

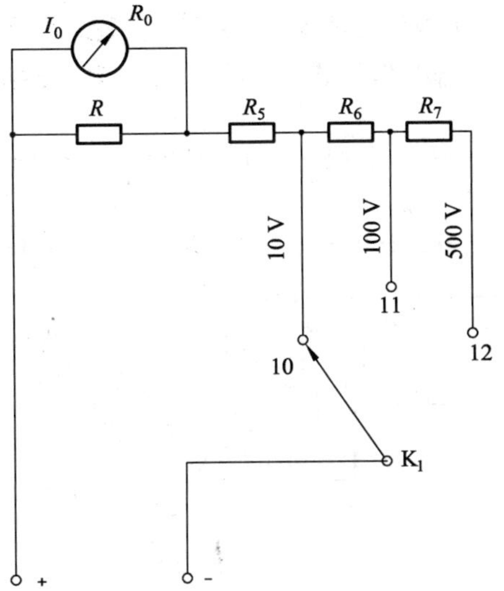

图 1-22　测量直流电压的基本原理

五、交流电压测量原理

测量交流电压的基本原理如图 1-23 所示。

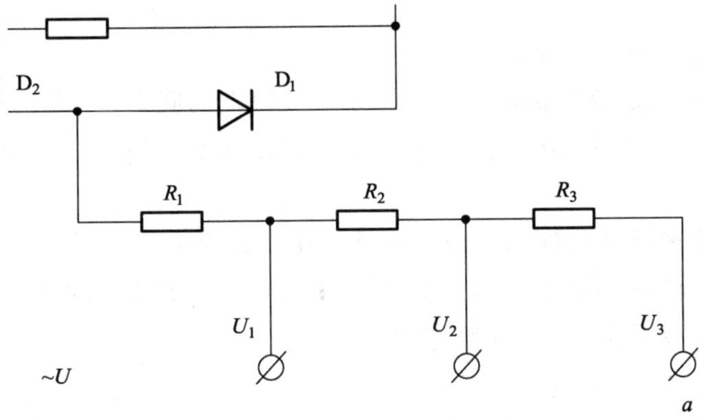

图 1-23　测量交流电压的基本原理

交流电压经二极管 D_1 整流成直流电压作用于表头，经红表笔、保险管、限流电阻 $R_9 \sim R_{13}$、转换开关、整流二极管 D_1、WH_2、表头、黑表笔构成测量回路。限流电阻起到分压作用，不同挡位接入不同电阻。万用表交流电压挡有 10 V、50 V、250 V、500 V、1 000 V 和 2 500 V 挡位。

六、电阻测量原理

测量电阻阻值的基本原理如图 1-24 所示。

表头回路经电阻 R_{14}、调零电位器 WH_1、表头调节电位器 WH_2、表头、黑表笔、被测电阻、红表笔、保险管构成测量回路。转换开关连接各量程欧姆挡。10 kΩ 量程内部电池为 1.5+15 V（9 V）。分流电阻并联，每量程接一个，量程越高，对应分流电阻越大。

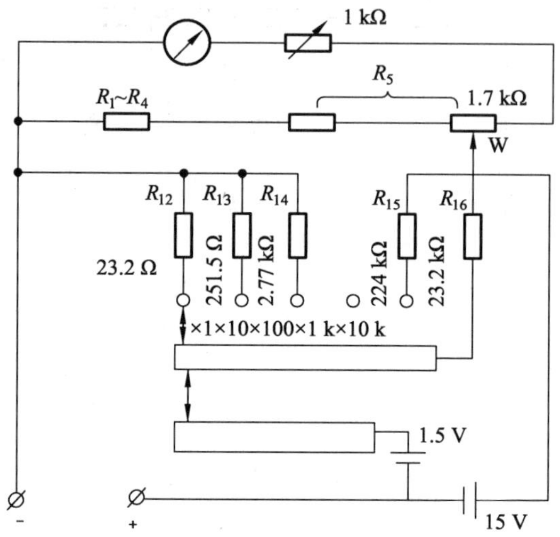

图 1-24　测量电阻阻值的基本原理

七、实施步骤

万用表的组装、使用及应用

（1）元件识别、分类、标记。

参考材料清单，按照清单清点相应的元件；识别不同电阻阻值并做好标记；识别二极管极性并做好标记；确认其他机械元件。

（2）按照焊接图放置元件到相应位置并依照原理图进行检查。

将识别和标记的好的电子元件，按照焊接图放置到焊接线路板上，注意区分元件放置面和焊接面，并按照电路原理图检查。

（3）焊接组装工具的准备。

准备好电烙铁、焊台、焊锡丝、助焊剂、高温海绵、剪刀等相应工具。将电烙铁调整到合适温度预热。

（4）焊接元件、装配相关部件。

焊接前再次检查二极管等此类元件的极性是否正确；在焊接完成后清理掉多余的引脚。

（5）调试及使用。

① 测量电阻。

把万用表的两个表笔插好，红表笔接“+”，黑表笔接“-”，把档位旋钮转到电阻挡，并选择合适的量程。短接两个表笔，调整调零电位器，使指针指向“0 Ω”处，再进行电阻的测量。

② 测量直流电流。

将挡位开关转到直流电流测量挡位，并选择合适的量程。如果被测电流数值范围不确定，应选用较高的量程。把万用表串联到被测电路上，注意直流电流应从红表笔流入，黑表笔流出，不能反接。

③ 测量直流电压。

将挡位开关转到直流电压测量挡位，并选择合适的量程。如果被测电压数值范围不确定，应选用较高的量程。把万用表并联到被测电路上，注意万用表红表笔应接直流电压“+”，黑表笔应接直流电压“-”，不能反接。

④ 测量交流电压。

将挡位开关转至交流电压挡，选择合适的量程，将万用表同被测电路并联，红黑表笔不区分正负极连接。万用表读数为交流电压的有效值。

注意事项：

（1）焊接中电烙铁不易温度过高，否则助焊剂挥发过快，影响焊接过程。

（2）充分发挥助焊剂的优点，不断练习焊接工艺。

【任务小结】

通过学习万用表的组装、焊接和调试，掌握万用表的使用方法，能灵活多变地使用万用表解决所遇到的问题。

项目检测

1-1　求图 1-25 中 A、B、C 各点的电位。

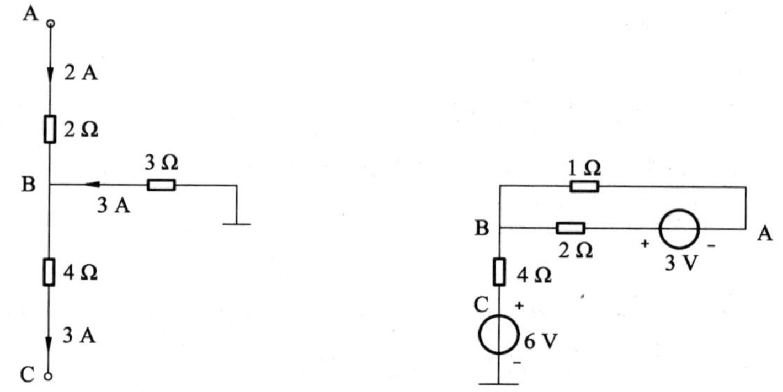

（a）　　　（b）

图 1-25　题 1-1 图

1-2　试计算图 1-26 中各元件的功率，并说明元件是吸收还是发出功率。

（a）　　　（b）

图 1-26　题 1-2 图

1-3　电路如图 1-27 所示，求 U_{ad}、U_{bc}、U_{ac}。

1-4　求图 1-28 所示电路每个元件的功率。

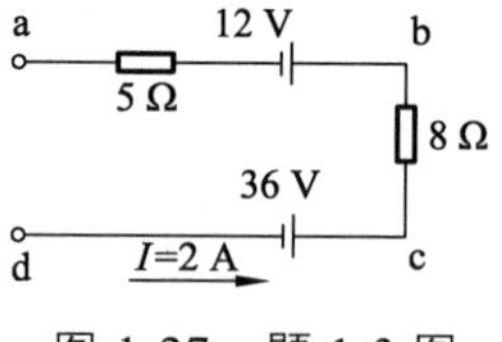

图 1-27　题 1-3 图

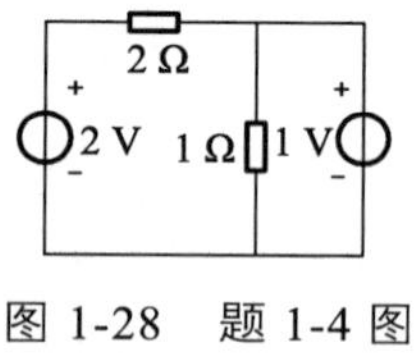

图 1-28　题 1-4 图

1-5　如图 1-29 所示电路，求 R_{ab}。

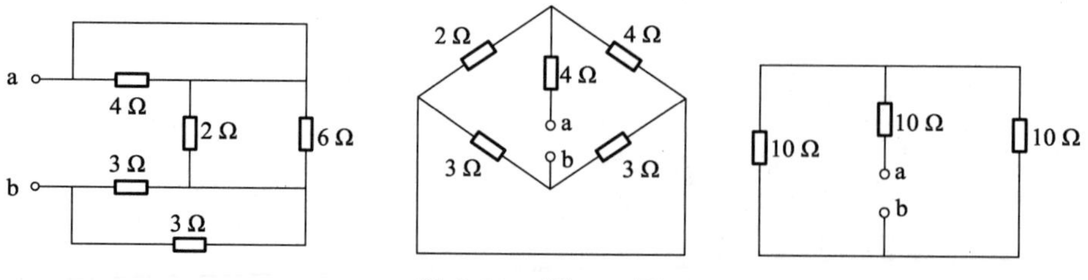

图 1-29　题 1-5 图

1-6　求图 1-30 所示各电路的电压 U。

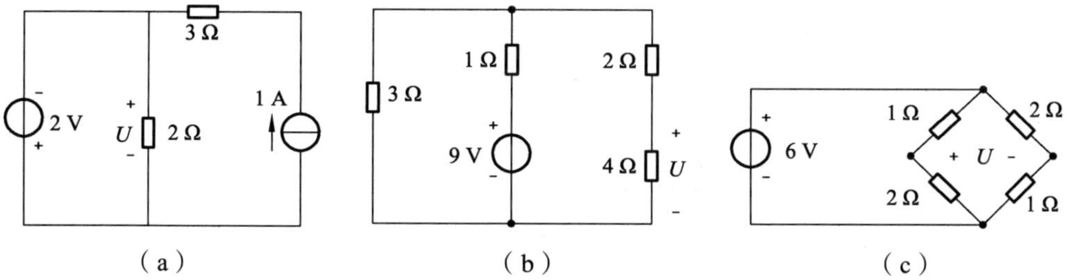

图 1-30　题 1-6 图

项目二

交流电路分析与应用

项目目标

（1）理解正弦交流电的解析式、波形图、三要素的概念。
（2）掌握交流电的频率、角频率、周期的关系。
（3）理解交流电有效值、平均值、最大值的概念及相互关系。
（4）理解交流电初相、相位差的概念。
（5）掌握正弦交流电的表达方法。
（6）掌握 *RLC* 元件电压与电流的关系。
（7）理解电抗、容抗、有功功率、无功功率的表达式。
（8）掌握 *RLC* 串联和并联电路的分析。
（9）理解正弦三相交流的正弦量、相序概念。
（10）掌握星形、三角形连接时线电压与相电压的关系，线电流与相电流的关系。
（11）理解对称三相系统功率的计算。
（12）了解中性线的作用。

任务一

并联电容补偿装置串联谐振的测试

【任务描述】

在交流电气铁道上，会产生大量的无功功率，使功率因数降低，过低的功能因数将会造成电能和设备的巨大浪费。为了防止这种情况，牵引供电系统通过设置无功补偿装置提高系统的功率。无功补偿装置采用并联电容器补偿，并需装有与其串联的电抗器以便配合电容器组，防止补偿装置和系统发生高次谐波，吸收牵引负荷高次谐波，当并联补偿回路谐波阻抗性质仅为阻抗时，谐波电流的分流方式以串联谐振形式出现。本任务模拟补偿装置的串联谐振形式。

【知识储备】

一、单相正弦交流电的基本概念

前一个项目已经介绍了直流电路，其中电压和电流的大小和方向是不随时间变化的。而在交流电路中，电压和电流的大小和方向是随时间变化的，交流电压和电流是矢量。

（一）交流电的概念

直流电路中所讨论的电压和电流，随着时间的变化其大小和方向是不变的。但是，在日常生产和生活中广泛应用的电压和电流的大小和方向都是随时间做周期性变化，像这种大小和方向都随时间做周期性变化的电流或电压称之为交流电。其中随时间按照正弦规律变化的交流电称之为正弦交流电，如图 2-1 所示；随时间变化但是不符合正弦周期规律的称之为非正弦交流电。

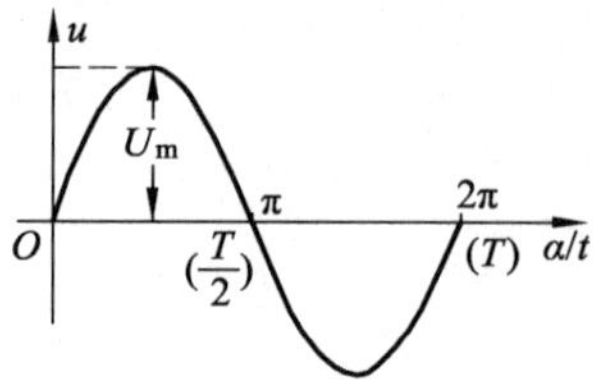

图 2-1　正弦交流电的波形

正弦交流电是通过单相交流发电机产生的。根据波形图，正弦交流量在任一时刻的电压和电流的瞬时表达式为

$$u = U_m \sin(\omega t + \theta_u) \quad (2\text{-}1)$$

$$i = I_m \sin(\omega t + \theta_i) \quad (2\text{-}2)$$

其中，U_m、I_m为幅值或最大值，ω为角频率，θ_u、θ_i为初相交。

1. 振幅值

正弦交流电在周期变化过程中出现的最大瞬时值称为振幅值，也叫峰值或最大值。电压和电流的振幅值用大写字母带下标“m”表示，如U_m、I_m等，图 2-1 所示正弦交流电的波形中的U_m便是电压的幅值。

交流电的幅值不会随着时间的变化而发生改变，其值为正值，反映了正弦交流量变化的幅度。

2. 角频率 ω

在正弦交流电中，正弦电量随时间完成一次周期性变化所需要的时间称为交流电的周期，用字母 T 表示，如图 2-1 所示；单位为秒，用 s 表示。

在单位时间内交流电完成周期性变化的次数称为频率，用字母 f 表示；单位为赫兹，用 Hz 表示。周期和频率互为倒数，即

$$f = \frac{1}{T} \quad (2\text{-}3)$$

我国使用的交流电的频率一般为 50 Hz，称为工频。

交流电变化一周还可以用 2π 弧度表示，如果用角度反映正弦交流量变化的快慢，那么在单位时间内交流电流所变化的角度称为角频率。角频率用 ω 表示；单位为弧度/秒，用 rad/s 表示。其表达式为

$$\omega = \frac{\alpha}{t} \quad (2\text{-}4)$$

如图 2-1 所示，在一个周期 T 内，正弦交流量所经历的角度为 2π 弧度。由角频率的定义可知，角频率和频率及周期的关系为

$$\omega = \frac{2\pi}{T} = 2\pi f \quad (2\text{-}5)$$

由角频率的定义可知 $\alpha = \omega t$ ，则图 2-1 中正弦电压的解析式便可写为

$$u = U_{\mathrm{m}} \sin \omega t \tag{2-6}$$

3. 初相

式（2-1）和式（2-2）中 $\omega t + \theta_u$ 和 $\omega t + \theta_i$ 为交流量的相位，也称为相位角或相角。相位反映了正弦交流电变化进程的角度，可以根据相位确定任一时刻正弦交流电的瞬时值的大小和方向。把 t=0 时，式（2-1）和式（2-2）的相位 θ_u 和 θ_i 称为电压和电流的初相，用字母“θ”表示。规定$|\theta|$不超过 π 弧度。

4. 有效值

交流电是随时间变化的量，瞬时值和最大值无法确切地反映在能量方向的效果，因此为了合理地衡量交流电量的大小，采用有效值的概念，电动势、电压、电流的有效值分别用大写字母 E、I、U 表示。

交流电流 i 通过电阻 R 时，在一个周期内所产生的热量与直流电流 I 通过同一电阻 R 在相同时间内所产生的热量相等，即

$$\int_0^T R i^2 \mathrm{d}t = R I^2 T$$

$$I = \sqrt{\frac{1}{T}\int_0^T i^2 \mathrm{d}t}$$

则这个直流电流 I 的数值叫作交流电流 i 的有效值。

令 $i = I_{\mathrm{m}} \sin \omega t$ ，则

$$I = \sqrt{\frac{1}{T}\int_0^T i^2 \mathrm{d}t} = \frac{I_{\mathrm{m}}}{\sqrt{2}} \tag{2-7}$$

同理，令 $u = U_{\mathrm{m}} \sin \omega t$ ，则

$$U = \frac{U_{\mathrm{m}}}{\sqrt{2}}$$

得到正弦量有效值是幅值的 $1/\sqrt{2}$ 。

在工程应用中常用有效值表示交流电的幅度，一般所讲的正弦交流电的大小，如低压交流电压 220 V 或 380 V，指的都是有效值；测量交流电压电流的仪表所指示的数字和电气设备铭牌上的额定值都是指的有效值。例如照明用电压 220 V，其最大值为：

$$U_{\mathrm{m}} = 220\sqrt{2}\ \mathrm{V} = 311\ \mathrm{V}$$

例 2-1 某正弦电压的有效值 U=380 V，初相 $\theta_u = 45°$；某正弦电流的有效值 I=25 A，初相 $\theta_i = 60°$ 。它们的频率均为 50 Hz，试分别写出电压和电流的瞬时值表达式。

解： 电压幅值 $U_{\mathrm{m}} = \sqrt{2}U = 380\sqrt{2}\ \mathrm{V}$

电流幅值 $I_{\mathrm{m}} = \sqrt{2}I = 25\sqrt{2}\ \mathrm{A}$

电压瞬时值 $u = U_m \sin(\omega t + \theta_u) = 380\sqrt{2}\sin(314t + 45°)$

电流瞬时值 $i = I_m \sin(\omega t + \theta_m) = 25\sqrt{2}\sin(314t + 60°)$

例 2-2 已知电压 $u = 311\sin(314t - 45°)$，试求幅值、有效值、角频率、频率、周期、初相。

解： 幅值 $U_m = 311\ \text{V}$

有效值 $U = 311/\sqrt{2} = 220\ \text{V}$

角频率 $\omega = 311\ \text{rad/s}$

频率 $f = 314/2\pi = 50\ \text{Hz}$

周期 $T = 1/f = 0.02\ \text{s}$

初相 $\theta_u = -45°$

（二）正弦交流电的物理量

由于正弦交流电量的大小和方向随时间按照正弦规律作周期性变化，而描述正弦量变化快慢的量有周期、频率和角频率，那么确定一个正弦交流量必须具备三要素，即振幅值、角频率和初相角。

（三）相位差

两个同频率的正弦交流量在任一瞬时的相位之差称为相位差，用字母“φ”表示。相位差描述的是两个同频率正弦交流量随时间变化的先后顺序。

式（2-1）和（2-2）它们的相位差为

$$\varphi = (\omega t + \theta_u) - (\omega t + \theta_i) = \theta_u - \theta_i \tag{2-8}$$

式（2-8）表明，两个同频率正弦交流量的相位差在任一时刻都是相同的，等于它们初相位之差。

下面对 φ 进行讨论：

（1）$\varphi > 0$，即 $\theta_u > \theta_i$，且 $|\varphi| \leqslant \pi$ 弧度，表示电压超前电流 φ 角，如图 2-2（a）所示。

（2）$\varphi < 0$，即 $\theta_u < \theta_i$，且 $|\varphi| \leqslant \pi$ 弧度，表示电压滞后电流 φ 角，如图 2-2（b）所示。

（3）$\varphi = 0$，即 $\theta_u = \theta_i$，表示电压和电流正弦量同相，如图 2-2（c）所示。

（4）$\varphi = \pi$，$\theta_u - \theta_i = \pi$，表示电压和电流反相，如图 2-2（d）所示。

（5）$\varphi = \pi/2$，$\theta_u - \theta_i = \pi/2$，表示电压和电流这两个正弦量正交，如图 2-2（e）所示。

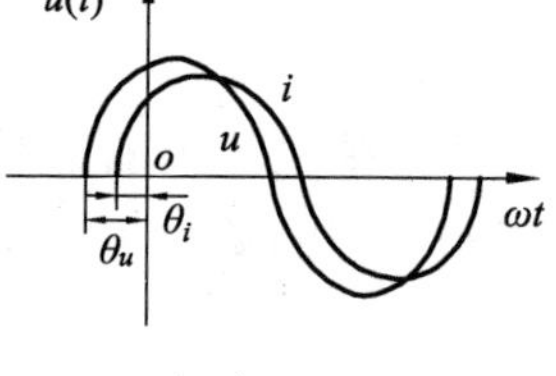

（a）$\varphi > 0$

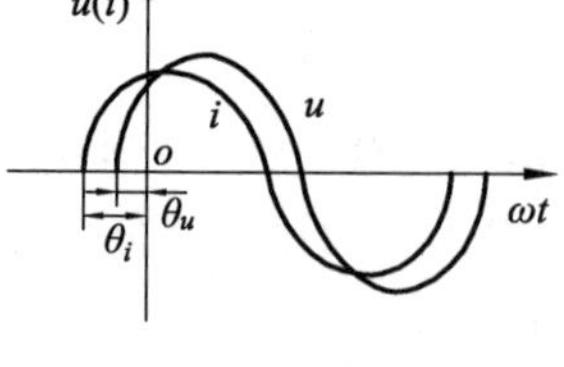

（b）$\varphi < 0$

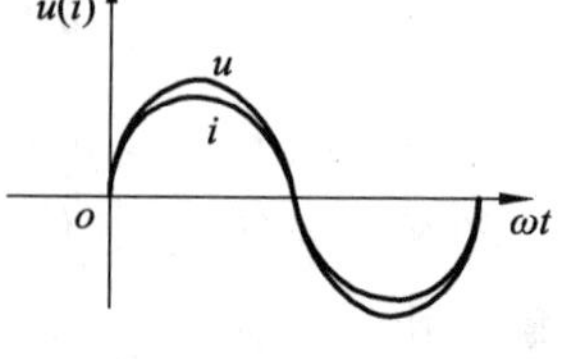

（c）$\varphi = 0$

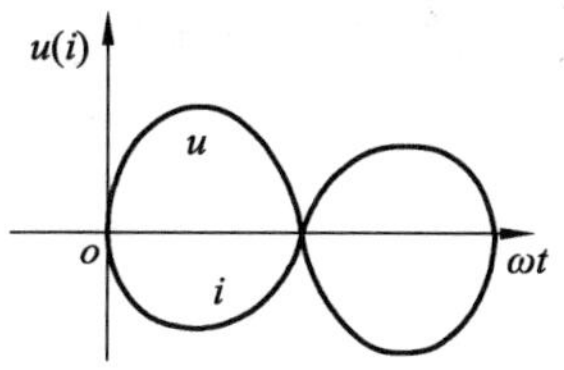

（d）$\varphi=\pi$

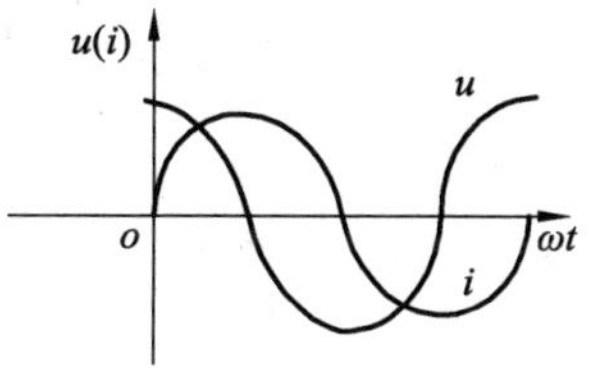

（e）$\varphi=\frac{\pi}{2}$

图 2-2　同频率正弦量的几种相位关系

例 2-3　求出下列各组电压、电流的相位差角，并说明它们的相位关系。

（1）$u=537\sin(314t+60°)\text{V}, i=20\sin(314t+10°)\text{A}$

（2）$u_1=100\sin(100\pi t-60°)\text{V}, u_2=220\sin(100\pi t+45°)\text{V}$

解：（1）电压的初相角为 60°，电流 i 的初相角为 10°。

$$\varphi=\theta_u-\theta_i=60°-10°=50°$$

表明电流 i 滞后于电压 u 50°。

（2）电压 u_1 的初相角为 −60°，电压 u_2 的初相角为 45°。

$$\varphi=\theta_{u1}-\theta_{u2}=-60°-45°=105°$$

表明电压 u_1 滞后于电压 u_2 105°。

二、正弦量的相量表示法

在正弦交流电路中，常遇到正弦电量的加、减等运算，可以用瞬时表达式和波形图表示，瞬时表达式是基本的表示方法，但运算烦琐；波形图表示法直观、形象，但比较抽象，不准确。为了更好地分析和计算正弦交流电路，引入正弦电量相量和向量图来表示，正弦电量相量表示法是将电压和电流瞬时值转变成复数。

（一）复数及四则运算

1. 复数的表示形式

（1）复数的代数表示式。

$$A=a+\text{i}b$$

其中，a 为复数实部；b 为复数虚部；$\text{i}=\sqrt{-1}$，称为虚数单位。为了和电流符号加以区分，在电工技术中，一般用 j 表示虚数单位，即

$$A=a+\text{j}b \tag{2-9}$$

将复数用直角坐标系表示时，横轴为实部，纵轴为虚轴，这两个坐标轴所在的平面称为复平面。在复平面上，复数 $A=a+\text{j}b$ 和点 A（a，b）相对应且点唯一，如图 2-3 所示。如复数 A=4+3j，所对应的一点为图 2-4 上的 A 点。

从坐标原点 O 到点 A（a，b）的矢量称为复数矢量，如图 2-3 所示。矢量的长度 r 为复数的模，即

$$r=|A|=\sqrt{a^2+b^2} \tag{2-10}$$

矢量与正实轴方向的夹角 θ 称为复数的幅角，即

$$\theta=\arctan\frac{b}{a} \tag{2-11}$$

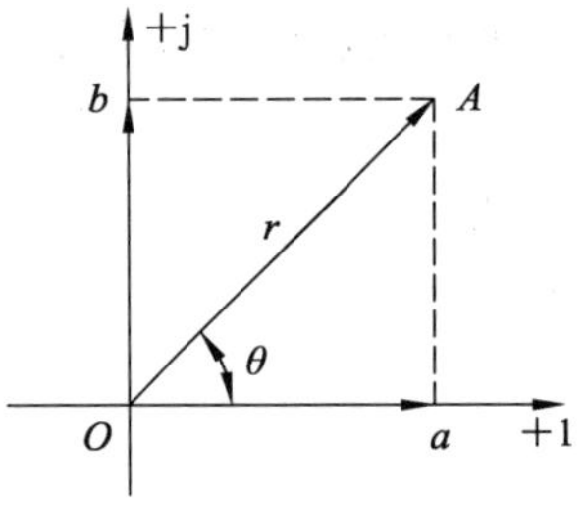

图 2-3　复数的矢量表示

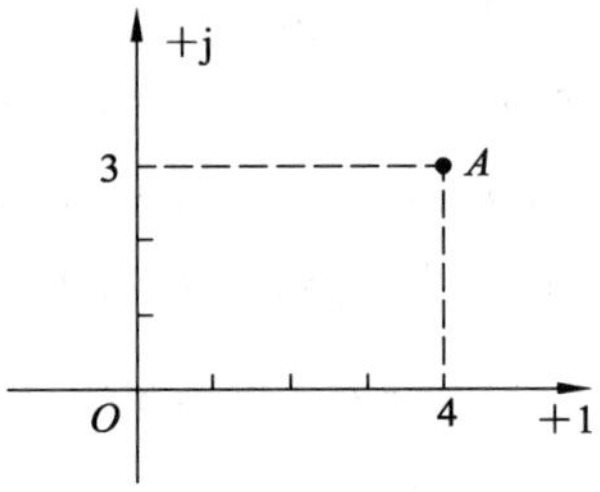

图 2-4　复数在复平面上的表示

复数的实部和虚部与复数矢量的模和幅角的关系为

$$\left.\begin{aligned}a&=r\cos\theta\\ b&=r\sin\theta\end{aligned}\right\} \tag{2-12}$$

$$A=a+\mathrm{j}b$$

（2）复数的三角形式。

将式（2-12）代入式（2-9）中可得

$$R=r\cos\theta+\mathrm{j}r\sin\theta$$

（3）复数的指数形式。

利用欧拉公式 $\mathrm{e}^{\mathrm{j}\varphi}=\cos\varphi+\mathrm{j}\sin\varphi$，复数的指数表示式为

$$A=r\mathrm{e}^{\mathrm{j}\theta}$$

（4）复数的极坐标形式。

$$A=r\angle\theta$$

在以后的运算中，代数式与极坐标式是常用的，对它们的换算应十分熟练。

例 2-4　写出复数 $A=10\angle 45°$ 的三角形式和代数形式。

解： 三角形式：

$$A=10\cos 45°+\mathrm{j}10\sin 45°$$

代数形式：

$$A=10\cos 45°+\mathrm{j}10\sin 45°=7.07+\mathrm{j}7.07$$

例 2-5 写出复数 $A_1 = 1 + \mathrm{j}\sqrt{3}$，$A_2 = \sqrt{3} - \mathrm{j}$ 的极坐标形式。

解：（1）A_1 的模 $|A_1| = \sqrt{1^2 + (\sqrt{3})^2} = 2$

幅角 $\theta_1 = \arctan\sqrt{3} = 60°$（在第一象限）

则 A_1 的极坐标形式为 $A_1 = 2\angle 60°$。

（2）A_2 的模 $|A_2| = \sqrt{(\sqrt{3})^2 + 1^2} = 2$

幅角 $\theta_2 = \arctan\dfrac{-1}{\sqrt{3}} = -30°$（在第四象限）

则 A_2 的极坐标形式为 $A_2 = 2\angle -30°$。

2. 复数的四则运算

设

$$\left.\begin{aligned} A_1 &= a_1 + \mathrm{j}b_1 = |A_1|\angle\theta_1 \\ A_2 &= a_2 + \mathrm{j}b_2 = |A_2|\angle\theta_2 \end{aligned}\right\} \tag{2-13}$$

（1）加、减运算。

复数的加、减运算用代数形式进行，实部和虚部分别进行加或减。

$$A_1 \pm A_2 = (a_1 \pm a_2) + \mathrm{j}(b_1 \pm b_2) \tag{2-14}$$

复数相加减的矢量图如图 2-5 所示。

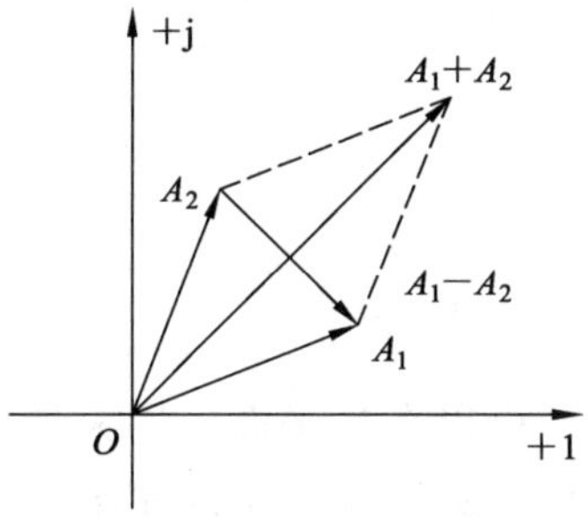

图 2-5　复数相加减矢量图

（2）乘、除运算。

复数的乘、除运算用极坐标形式进行，乘法运算时模相乘，幅角相加；除法运算时模相除，幅角相减。

$$A_1 \cdot A_2 = |A_1| \cdot |A_2| \angle(\theta_1 + \theta_2) \tag{2-15}$$

$$\frac{A_1}{A_2} = \frac{|A_1|}{|A_2|}\angle(\theta_1 - \theta_2) \tag{2-16}$$

例 2-6 已知 $A_1 = 4 + \mathrm{j}3$，$A_2 = 4 - \mathrm{j}3$，求 $A_1 + A_2$、$A_1 - A_2$、$A_1 \cdot A_2$、A_1/A_2。

解：

$$A_1 = 4 + \mathrm{j}3 = 5\angle 36.9°\text{，}\quad A_2 = 4 - \mathrm{j}3 = 5\angle -36.9°$$

$$A_1 + A_2 = (4 + \mathrm{j}3) + (4 - \mathrm{j}3) = 8$$

$$A_1 - A_2 = (4 + \mathrm{j}3) - (4 - \mathrm{j}3) = \mathrm{j}6$$

$$A_1 \cdot A_2 = 5 \times 5\angle[36.9° + (-36.9°)] = 25\angle 0° = 25$$

$$\frac{A_1}{A_2} = \frac{5\angle 36.9°}{5\angle(-36.9°)} = \angle 72.8°$$

（二）正弦量的相量表示法

在很多领域中，由两个因素决定的物理量往往可以用一个复数表示，如力、速度等。正弦交流电路中都是单一频率的物理量，只要表示出最大值（或有效值）和初相，该正弦量便可确定，可利用复数把这两个要素表示出来，复数的模等于正弦量的最大值（或有效值），幅角等于正弦量的初相。为与一般的复数相区别，我们把表示正弦量的复数称为相量，并用正弦量的大写字母顶上加以圆点“·”来表示。本书中说的相量的模常指有效值，以 $\dot{U}$ 、$\dot{I}$ 等表示，如设元件两端的电压和流过元件的电流均采用关联参考方向。并设电压、电流的瞬时表达式分别为

$$u = \sqrt{2}U\sin(\omega t + \theta_u)$$
$$i = \sqrt{2}I\sin(\omega t + \theta_i)$$

则代表它们的相量分别为

$$\left.\begin{aligned}\dot{U} &= U\angle\theta_u \\ \dot{I} &= I\angle\theta_i\end{aligned}\right\} \qquad (2\text{-}17)$$

正弦量的相量和复数一样，可以在复平面上用矢量表示。画在复平面上用矢量表示相量的图形称为相量图。显然，只有同频率的多个正弦量对应的正弦量画在同一个复平面上才有意义。

只有同频率的正弦量才能相互运算，运算方法按复数的运算规则进行。把用相量表示正弦量进行正弦交流电路运算的方法称为相量法。

例 2-7 已知 $i_1 = 5\sqrt{2}\sin(\omega t + 30°)\,\mathrm{A}$，$i_2 = 10\sqrt{2}\sin(\omega t + 60°)\,\mathrm{A}$，求 $i_1 + i_2$、$i_1 - i_2$。使用相量法计算。

解： 由正弦电流 i_1、i_2 的瞬时值表示式分别写出相应的相量式为

$$\dot{I}_1 = 5\angle 30°\,\mathrm{A}$$

$$\dot{I}_2 = 10\angle 60°\,\mathrm{A}$$

用相量求和：

$$\begin{aligned}\dot{I}_{+}&=\dot{I}_1+\dot{I}_2=5\angle30^\circ+10\angle60^\circ\\&=5(\cos30^\circ+\mathrm{j}\sin30^\circ)+10(\cos60^\circ+\mathrm{j}\sin60^\circ)\\&=9.3+\mathrm{j}11.2\\&=14.6\angle50.2^\circ(\mathrm{A})\end{aligned}$$

因此，正弦电流 $i_{+}=i_1+i_2$ 的瞬时值表示式为

$$i_{+}=14.6\sqrt{2}\sin(\omega t+50.2^\circ)\ \mathrm{A}$$

$$\begin{aligned}\dot{I}_{-}&=\dot{I}_1-\dot{I}_2=5\angle30^\circ-10\angle60^\circ\\&=5(\cos30^\circ+\mathrm{j}\sin30^\circ)-10(\cos60^\circ+\mathrm{j}\sin60^\circ)\\&=-0.7-\mathrm{j}6.2\\&=6.2\angle-96.4^\circ(\mathrm{A})\end{aligned}$$

因此，正弦电流 $i_{+}=i_1-i_2$ 的瞬时值表示式为

$$i_{-}=6.2\sqrt{2}\sin(\omega t-96.4^\circ)\ \mathrm{A}$$

例 2-8　已知工频条件下，两正弦量的相量各为 $\dot{U}_1=10\angle60^\circ\mathrm{V}$，$\dot{U}_2=20\angle-30^\circ\mathrm{V}$，试求两正弦电压的解析式。

解： 由于

$$\omega=2\pi f=2\pi\times50=314\ \mathrm{rad/s}$$

$$U_1=10\ \mathrm{V},\ \theta_1=60^\circ$$

$$U_2=20\ \mathrm{V},\ \theta_2=-30^\circ$$

所以

$$u_1=\sqrt{2}U_1\sin(\omega t+\theta_1)=10\sqrt{2}\sin(314t+60^\circ)\mathrm{V}$$

$$u_2=\sqrt{2}U_2\sin(\omega t+\theta_2)=20\sqrt{2}\sin(314t-30^\circ)\mathrm{V}$$

三、单一参数正弦交流电路的分析

电阻元件、电感元件及电容元件是交流电路的基本元件，日常生活中的交流电路都是由这三种元件组合起来的。

单一参数的正弦交流电路是指交流电路中只含有电阻元件、电感元件、电容元件的电路，通常称为纯电阻电路、纯电感电路、纯电容电路。为了方便分析这种电路，我们先分析单元件上电压与电流的关系，能量的转换和储存。在分析各元件正弦交流电路特性时，我们可取单元件上端电压 u 和电流 i 中的其中一个为参考正弦量。

（一）纯电阻电路

如图 2-6 所示，当线性电阻 R 两端加上正弦电压 u 时，电阻中便有电流 i 通过。任一瞬间电压 u 和电流 i 的瞬时关系仍服从欧姆定律。在如图 2-6 所示电压与电流为关联参考方向时，便可得到交流电路中电阻元件上电压与电流的下列关系式。

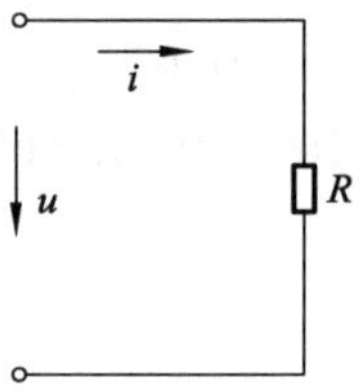

图 2-6　纯电阻电路

1. 电流和电压之间的关系

在任一瞬间，通过电阻元件的电流与电阻元件的端电压遵守欧姆定律，即

$$i = \frac{u}{R} \tag{2-18}$$

设电流 i 为参考正弦量，即

$$i = I_{\mathrm{m}} \sin(\omega t + \theta_i) \tag{2-19}$$

则 $$u = iR = I_{\mathrm{m}} R \sin(\omega t + \theta_i) = U_{\mathrm{m}} \sin(\omega t + \theta_u)$$

其中 $$U_{\mathrm{m}} = I_{\mathrm{m}} R \text{ 或 } U = IR \tag{2-20}$$

比较电阻电压和电流的瞬时值表示式可以得出如下结论：

（1）频率关系：通过电阻元件的电流和端电压是同频率的正弦电量。

（2）相位关系：通过电阻元件的电流和端电压的初相位相等，即 $\theta_u = \theta_i$，这表明电压和电流相位相同，它们的波形图如图 2-7（a）所示。

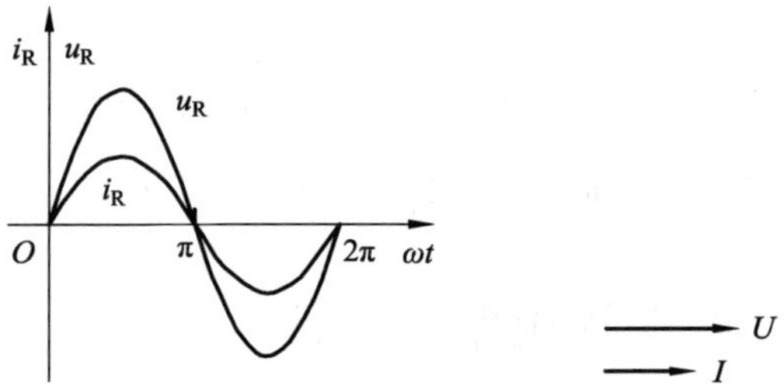

（a）　　（b）

图 2-7　电阻元件上电流与电压之间的关系

2. 电压与电流的相量关系

为了同时表示电压与电流的相位关系和数值关系，可以导出欧姆定律的相量形式，即

$$\dot{U} = U\angle\theta_u = IR\angle\theta_i = \dot{I}R$$

所以 $$\dot{U} = \dot{I}R \tag{2-21}$$

式（2-21）是电阻元件上电流与电压的相量关系，也是欧姆定律的相量形式。图 2-7（b）所示为电阻元件上电流与电压的相量，二者是同相关系。

3. 电阻元件的功率

交流电路中，任一瞬间，元件上电压的瞬时值与电流的瞬时值的乘积叫作该元件的瞬时功率，用小写字母 p 表示，即 $p=ui$，假设电压和电流的初相位都为零，则瞬时功率的表达式为

$$\begin{aligned}p&=ui=U_{\mathrm{m}}\sin\omega t\cdot I_{\mathrm{m}}\sin\omega t\\&=U_{\mathrm{m}}I_{\mathrm{m}}\sin^{2}\omega t=\frac{U_{\mathrm{m}}I_{\mathrm{m}}}{2}(1-\cos2\omega t)\\&=UI(1-\cos2\omega t)\end{aligned} \tag{2-22}$$

由式（2-22）可知，电阻元件的瞬时功率以电源频率 ω 的两倍做周期性变化。在 u、i 为关联参考方向时，任一瞬间 u、i 同号，所以 p 总是大于或等于零。表明电阻元件不管电压和电流如何变化，电阻元件总在吸收电功率，并将吸收的电能转换成热能，及电阻元件是一个耗能元件。

瞬时功率的计算和测量不是很方便，工程上常用有功功率来表示电阻元件的实际耗能效果。在正弦交流电量的一个周期内瞬时功率的平均值称为有功功率，也称为平均功率，简称功率，用大写字母 P 表示，即

$$P=\frac{1}{T}\int_{0}^{T}p\mathrm{d}t=\frac{1}{T}\int_{0}^{T}UI(1-\cos2\omega t)\mathrm{d}t=UI$$

由 $$U=IR$$

所以 $$P=UI=I^{2}R=\frac{U^{2}}{R} \tag{2-23}$$

式（2-23）与直流电路中的功率计算公式相同。式中：P 是指平均功率，U 和 I 是指有效值。功率的单位为瓦，用 W 表示，工程上也常用千瓦（kW），1 kW=1 000 W。

例 2-9 在纯电阻电路中，电阻 R=10 Ω，R 两端的电压 $u=220\sqrt{2}\sin(314t-60°)$ V。求（1）通过电阻 R 的电流 I 和 i；（2）电阻 R 接受的功率 P。

解：（1）因为

$$i=\frac{u}{R}=\frac{220\sqrt{2}\sin(314t-60°)}{10}=22\sqrt{2}\sin(314t-60°)\mathrm{A}$$

所以 $$I=\frac{22\sqrt{2}}{\sqrt{2}}=22\ \mathrm{A}$$

（2） $$P=UI=220\times22=4\ 840\ \mathrm{W}$$

（二）纯电感电路

1. 电压与电流的关系

线圈统称为电感线圈，也称为电感或电感器。通过电感元件的电流发生变化，线圈中就会产生自感电动势，其大小与通过线圈的自感磁链对时间的变化率成正比，即

$$e=-L\frac{\mathrm{d}i}{\mathrm{d}t}$$

式中为负号，是由于规定磁场减弱时产生的感应电动势为正。

如图 2-8 所示，根据基尔霍夫电压定律，电感元件的端电压为

$$u=L\frac{\mathrm{d}i}{\mathrm{d}t} \tag{2-24}$$

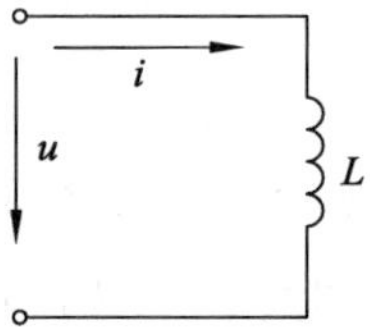

图 2-8　纯电感电路

在纯电感电路中，设 $i=I_{\mathrm{m}}\sin\omega t$ 则

$$u=L\frac{\mathrm{d}i}{\mathrm{d}t}=L\frac{\mathrm{d}}{\mathrm{d}t}(I_{\mathrm{m}}\sin\omega t)=\omega LI_{\mathrm{m}}\cos\omega t=U_{\mathrm{m}}\sin(\omega t+90°) \tag{2-25}$$

$$\begin{aligned}&U_{\mathrm{m}}=I_{\mathrm{m}}\omega L=I_{\mathrm{m}}X_L \text{ 或 } U=IX_L\\&X_L=\omega L=2\pi fL\end{aligned} \tag{2-26}$$

其中 X_L 称为感抗，感抗 X_L 与电源频率成正比。在直流电路中电感元件相当于短路。L 的单位为亨，用 H 表示；X_L 的单位为欧姆，用 Ω 表示。

比较电压和电流的瞬时值表示式，可以得到以下频率关系、相位关系：

（1）频率关系：通过电感元件的电流与端电压是同频率的正弦量。

（2）相位关系：电压与电流的相位差 $\varphi=\theta_u-\theta_i=90°$，表面电压超前电流的相位差为 90°，它们的波形图如图 2-9 所示。

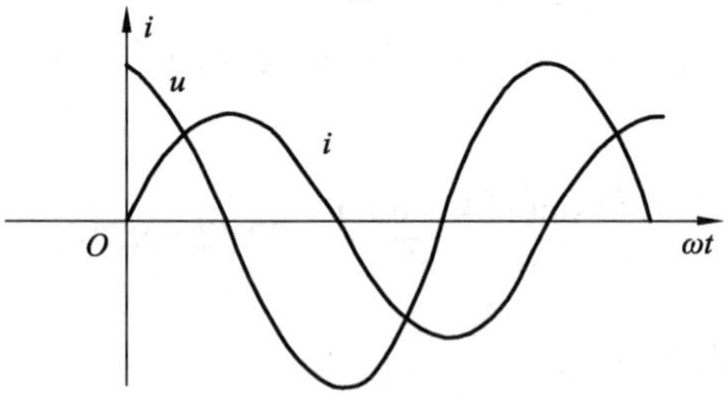

图 2-9　电感元件上电流和电压的波形图

2. 电压和电流的相量关系

由式（2-20）可得：

$$\dot{I}=I\angle 0°$$

$$\dot{U}=I\omega L\angle\frac{\pi}{2}=\mathrm{j}\omega LI\angle 0°$$

所以

$$\dot{U}=\mathrm{j}\omega L\dot{I}=\mathrm{j}X_L\dot{I} \tag{2-27}$$

电流和电压的相量图如图 2-10 所示。

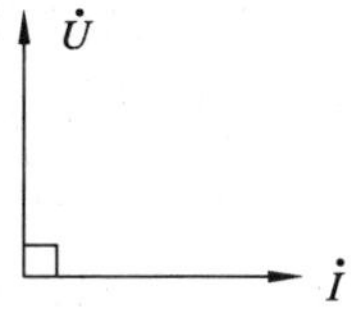

图 2-10　电感元件电流和电压的相量图

3. 电感元件的功率

纯电感电路中的瞬时功率等于电压和电流的乘积，用小写字母 p 表示，即 $p=ui$。结合式前面式子可得

$$p=ui=U_{\mathrm{m}}\sin\left(\omega t+\frac{\pi}{2}\right)\cdot I_{\mathrm{m}}\sin\omega t=UI\sin 2\omega t$$

上式表明，电感元件的瞬时功率 p 也随时间按正弦规律变化，其频率为电流频率 ω 的两倍。如图 2-11 所示，在前半周期，瞬时功率为正，表面电感元件从电源吸收电能并转换成磁场能进行储存；在后半个周期，瞬时功率为负，表明电感元件把原来储存的磁场能释放出来并转换成电能还给电源。

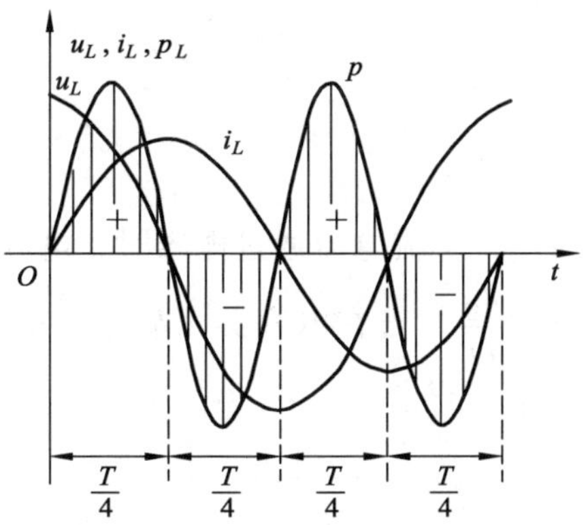

图 2-11　电感元件的功率曲

电感元件的平均功率计算式如下：

$$P=\frac{1}{T}\int_0^T p\mathrm{d}t=0 \tag{2-28}$$

在交流电量的一个周期内，瞬时功率变化两个周期，即两次正，两次负，数值相等，平均功率为零。这说明电感元件不是耗能元件，而是“储能元件”，只对电流起阻碍作用。

我们把电感元件上电压的有效值和电流的有效值的乘积叫作电感元件的无功功率，用 Q 表示。

$$Q=UI=I^2X_L=\frac{U^2}{X_L} \tag{2-29}$$

$Q>0$，表明电感元件是接受无功功率的。

无功功率的单位为“乏”（var），工程中也常用“千乏”（kvar），1 kvar=1 000 var。

例 2-10 已知一个电感 L=318 mH，电流 $i=2.2\sqrt{2}\sin(314t+30°)\text{A}$。求：（1）感抗 X_L；（2）通过电感的电压 u；（3）电感上的无功功率 Q。

解：（1）感抗；$X_L=\omega L=314\times318\times10^{-3}\approx100\ (\Omega)$

（2）电流相量表示：$\dot{I}=2.2\angle30°\text{A}$

端电压：$\dot{U}=\dot{I}\cdot jX_L=2.2\angle30°\times100\angle90°=220\angle120°(\text{V})$

即 $u=220\sqrt{2}\sin(314t+120°)\text{V}$

（3）无功功率：$Q=U_L\cdot I=220\times2.484\,\text{var}$

例 2-11 已知工频电流 $\dot{I}=10\angle30°\text{A}$ 流过电感元件，测得其无功功率 $Q=500\,\text{var}$，试求 X_L 和 L。

解：

$$I=10\text{A},\ \omega=2\pi f=314\ \text{rad/s}$$

$$X_L=\frac{Q}{I^2}=\frac{500}{10°}=5(\Omega)$$

$$L=\frac{X_L}{\omega}=\frac{5}{314}=15.9(\text{mH})$$

（三）纯电容电路

1. 电压与电流的关系

纯电容电路如图 2-12 所示，交流电流通过电容时，电源和电容器之间不断地充电和放电。电容充放电电流 $i=C\dfrac{\mathrm{d}u}{\mathrm{d}t}$，若在电容器两端加一正弦电压 $u=U_\mathrm{m}\sin\omega t$，代入电容充放电电流式中，有

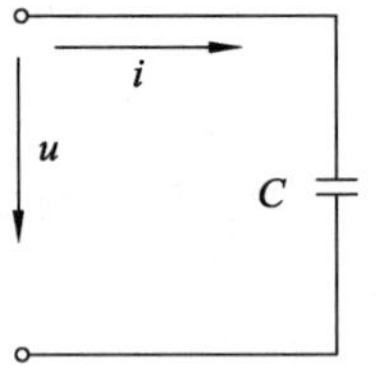

图 2-12 纯电容电路

$$i=C\frac{\mathrm{d}u}{\mathrm{d}t}=\omega CU_\mathrm{m}\cos\omega t=I_\mathrm{m}\sin(\omega t+90°) \tag{2-30}$$

$$I_\mathrm{m}=\omega CU_\mathrm{m}=\frac{U_\mathrm{m}}{X_C}$$

其中

$$X_C=\frac{1}{\omega C}=\frac{1}{2\pi fC} \tag{2-31}$$

X_C 称为容抗，容抗 X_C 与电源频率 ω 成反比。在直流电路中电容元件相当于开路。

C 的单位为法，用 F 表示；X_C 的单位为欧姆，用 Ω 表示。

比较电压和电流的瞬时值表示式，可以得到以下频率关系、相位关系：

（1）频率关系：通过电容元件的电流与端电压是同频率的正弦量。

（2）相位关系：电压与电流的相位差 $\varphi = \theta_u - \theta_i = -90°$，表面电压滞后电流的相位差为 90°，它们的波形图如图 2-13 所示。

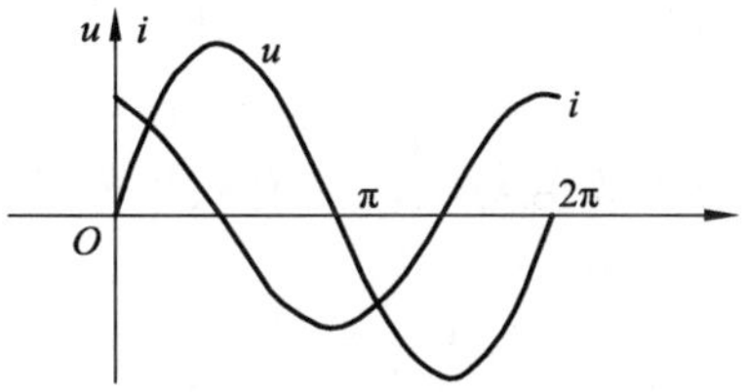

图 2-13　电容元件上电流和电压的波形图

2. 电压与电流的相量关系

由式（2-26）得

$$\dot{U} = U\angle 0$$

$$\dot{I} = I\angle 90° = \frac{\mathrm{j}}{X_C}U\angle 0° = \frac{\mathrm{j}}{X_C}\dot{U}$$

所以

$$\dot{U} = -\mathrm{j}X_C\dot{I} \tag{2-32}$$

图 2-14 给出了电流和电压的相量图。

3. 电容元件的功率

瞬时功率 $p = ui$，结合电压和电流的变化规律和相互关系，可得到瞬时功率的变化规律如下：

$$\begin{aligned} p &= ui = U_{\mathrm{m}}\sin\omega t \cdot \sin(\omega t + 90°) \\ &= UI\sin 2\omega t \end{aligned}$$

上式表明，电容元件的瞬时功率 p 也随时间按正弦规律变化，其频率为电流频率 ω 的两倍。图 2-15 给出了功率曲线图。

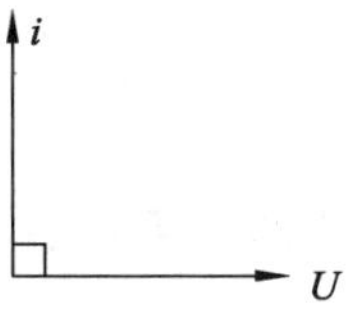

图 2-14　电容元件电流和电压的相量图

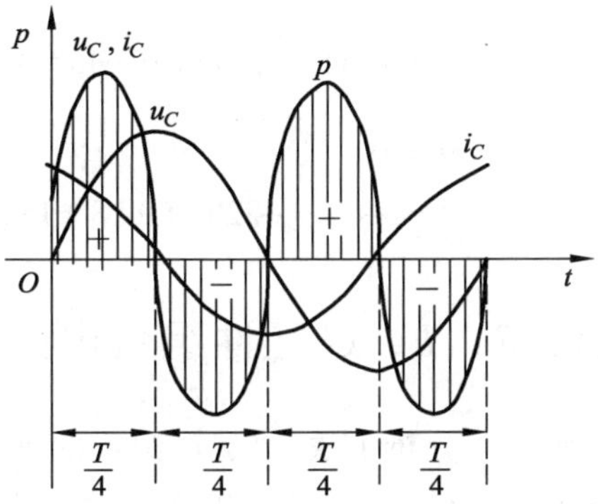

图 2-15　电容元件功率曲线

在纯电容电路中，当电容元件的端电压和流过的电流正负相同时，功率为正值，此时电容处于充电状态；当电压和电流正负相反时，电容处于放电状态。电容的平均功率如下：

$$P = \frac{1}{T}\int_0^T p\mathrm{d}t = \frac{1}{T}\int_0^T ui\sin 2\omega t\mathrm{d}t = 0 \tag{2-33}$$

可知，电容元件的平均功率为零，与电感元件一样，电容元件也不是耗能元件，而是“储能元件”。

我们把电容元件上电压的有效值与电流的有效值乘积的负值，称为电容元件的无功功率，用 Q 表示。即

$$Q = -UI = -I^2 X_C = -\frac{U^2}{X_C} \tag{2-34}$$

$Q<0$ 表示电容元件是发出无功功率的，单位是乏（var）或千乏（kvar）。

例 2-12 已知一电容 C=50 μF，接到 $u = 220\sqrt{2}\sin 314t$ V 的正弦交流电源上，试求 X_C、电路中的电流 I 和无功功率 Q。

解： $X_C = \frac{1}{\omega C} = \frac{1}{314\times 50\times 10^{-6}} = 63.7(\Omega)$

$I = \frac{U}{X_C} = \frac{220}{63.7} = 3.45(\mathrm{A})$

$Q = -UI = -220\times 3.45 = -759(\mathrm{var})$

例 2-13 一电容 C=100 μF，接于 $u = 220\sqrt{2}\sin(314t - 45°)$ 的电源上。求：（1）X_C、流过电容的电流 i；（2）电容元件的有功功率 P 和无功功率 Q。

解：（1）$X_C = \frac{1}{\omega C} = \frac{1}{314\times 1000\times 10^{-6}} = 3.18(\Omega)$

$\dot{U} = 220\angle -45°\mathrm{V}$

$\dot{I} = \frac{\dot{U}}{-\mathrm{j}X_C} = \frac{220\angle -45°}{3.18\angle -90°} = 69.18\angle 45°(\mathrm{A})$

$i = 69.18\sqrt{2}\sin(314t + 45°)\mathrm{A}$

（2） $P = 0$

$Q = -UI = -220\times 69.18 = 15219.6(\mathrm{var})$

四、R、L、C 元件组合电路的分析

前面已经分析了 R、L、C 组成的纯电路中电压和电流的关系。在实际工作中，经常会看到 R、L、C 元件的组合电路，当 R、L、C 元件串联组合时，该电路称为 RLC 串联交流电路；当 R、L、C 元件并联组合时，该电路称为 RLC 并联交流电路。针对此

种组合电路，可以运用基尔霍夫定律进行分析，那么首先要了解正弦电路中基尔霍夫定律的相量形式。

（一）基尔霍夫定律的相量形式

基尔霍夫定律分电流和电压定律，即

$$\sum i=0,\sum u=0 \tag{2-35}$$

在正弦交流电路中，各线路分支中流过的电流和各节点的电压都是同频率的正弦量，把这些同频率的正弦量用相量来表示，即得基尔霍夫定律的相量形式。

KCL 的相量形式为

$$\sum \dot{I}=0 \tag{2-36}$$

式（2-34）中，正负号由电流参考方向决定，流出任一结点的各支路电流相量的代数和等于流出该节点的各支路电流相量的代数和。

KVL 的相量形式为

$$\sum \dot{U}=0 \tag{2-37}$$

式中，电压的正负号由电压参考方向决定。在正弦电路中，沿任一回路绕行一周，各段电压相量的代数和等于零。

例 2-14 如图 2-16（a）、图 2-16（b）所示电路中，已知电流表 A_1 读数为 20 A，A_2、A_3 读数都是 10 A，求电路中电流表 A 的读数。

解： 设端电压

$$\dot{U}=U\angle 0°\text{A}$$

（1）选定电流的参考方向，如图 2-18（a）所示，则

$$\dot{I}_1=20\angle 0°\text{A}$$

$$\dot{I}_2=10\angle -90°\text{A}$$

则 $$\dot{I}=\dot{I}_1+\dot{I}_2=20\angle 0°+10\angle -90°=10\sqrt{5}\angle -26.6°(\text{A})$$

电流表 A 的读数为 $10\sqrt{5}$ A。

（2）选定电流的参考方向如图 2-18（b）所示，则

$$\dot{I}_1=20\angle 0°\ \text{A}$$

$$\dot{I}_2=10\angle -90°\ \text{A}$$

$$\dot{I}_3=10\angle 90°\ \text{A}$$

则 $$\dot{I}=\dot{I}_1+\dot{I}_2+\dot{I}_3=20\angle 0°+10\angle -90°+10\angle 90°=10\angle 0°(\text{A})$$

电流表 A 的读数为 10 A。

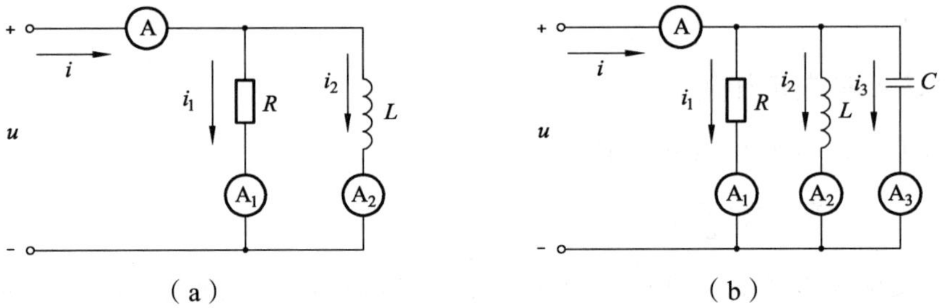

图 2-16　例 2-14 图

例 2-15　如图 2-17（a）、图 2-17（b）所示电路中，电压表 V_1、V_2、V_3 的读数都是 50 V，试分别求各电路中 V 表的读数。

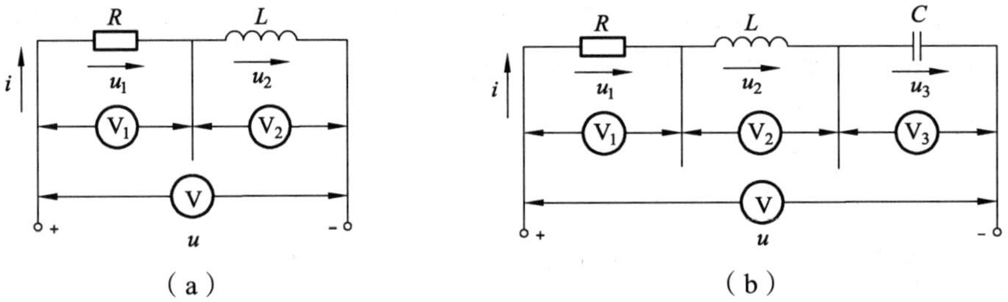

图 2-17　例 2-15 图

解： 设电流为参考相量，即 $\dot{I} = I\angle 0°\text{A}$

（a）选定 i、u_1、u_2、u 的参考方向如图 2-17（a）所示，则

$$\dot{U}_1 = 50\angle 0°\text{V}$$

$$\dot{U}_2 = 50\angle 90°\text{V}$$

由 KVL 得

$$\dot{U} = \dot{U}_1 + \dot{U}_2 = 50\sqrt{2}\angle 45°\text{V}$$

所以电压表 V 的读数为 $50\sqrt{2}\text{V}$。

（b）选定 i、u_1、u_2、u_3、u 的参考方向如图 2-17（b）所示，则

$$\dot{U}_1 = 50\angle 0°\ \text{V}$$

$$\dot{U}_2 = 50\angle 90°\ \text{V}$$

$$\dot{U}_3 = 50\angle -90°\ \text{V}$$

由 KVL 得

$$\dot{U} = \dot{U}_1 + \dot{U}_2 + \dot{U}_3 = 50\angle 0° + 50\angle 90° + 50\angle -90° = 50(\text{V})$$

电压表 V 的读数为 50 V。

（二）*RLC* 串联电路

1. *RLC* 串联电路分析

在 *RLC* 串联电路中，具有三种不同元件，因此该电路包含了三个不同的电路参数。图 2-18（a）、（b）分别为 *RLC* 串联交流电路和 *RLC* 串联电路的相量模型。

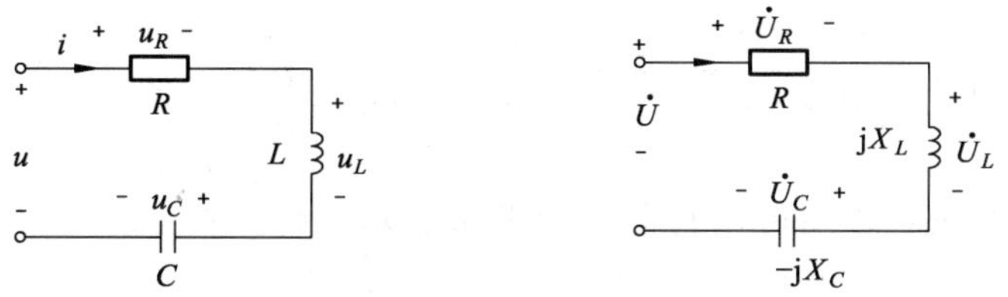

（a）*RLC* 串联电路　　　　（b）相量模型

图 2-18　*RLC* 串联交流电路及相量模型

（1）电压与电流的关系。

根据基尔霍夫电压定律可以列出电压瞬时值表达式为

$$u = u_R + u_L + u_C$$

将上面式子用相量表示为

$$\begin{aligned}\dot{U} &= \dot{U}_R + \dot{U}_L + \dot{U}_C \\ &= \dot{I}R + \dot{I}\cdot jX_L + \dot{I}(-jX_C) \\ &= \dot{I}\left[R + j(X_L - jX_C)\right]\end{aligned} \tag{2-38}$$

式中，令 $Z = R + j(X_L - X_C) = R + jX$，则有

$$\dot{U} = \dot{I}Z \tag{2-39}$$

式（2-39）称为正弦交流电路相量形式的欧姆定律。式中，Z 称为复阻抗或阻抗，它描述了 *RLC* 电路对电流的阻碍及使电流相对电压发生的相移。$X = X_L - X_C$ 称为电抗，表示电路中电感和电容对交流电流的阻碍作用的大小。

（2）*RLC* 串联电路电压三角和阻抗三角。

根据式（2-39）可知，复阻抗 Z 是电压相量和电流相量之商。在 *RLC* 串联电路中，选定电流作为参考方向，令 $\dot{I} = I\angle 0°$，根据各元件电压与电流的关系，可以得到 *RLC* 串联电路电压相量图，如图 2-19（a）所示。

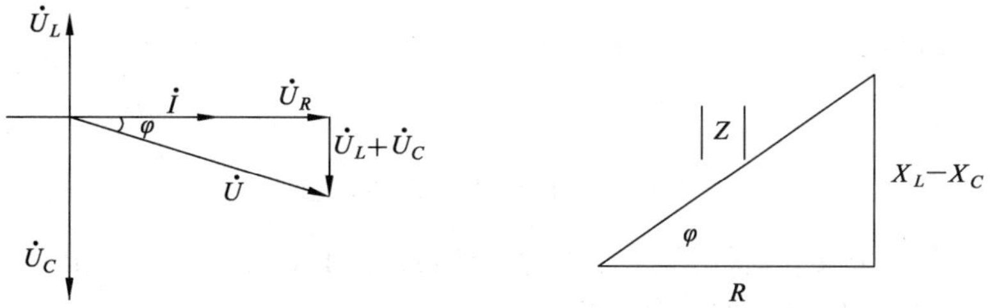

（a）电压相量三角形　　　　（b）阻抗三角形

图 2-19　*RLC* 串联电路

如图 2-19（a）所示，*RLC* 串联电路各元件的电压相量相加与电源电压相量可以组成一个电压相量直角三角形，可以利用勾股定理求出电源电压的有效值为

$$U=\sqrt{U_R^2+(U_L+U_C)^2}=I\sqrt{R^2+(X_L-X_C)^2} \tag{2-40}$$

由上式可得

$$|Z|=\sqrt{R^2+(X_L-X_C)^2}=\sqrt{R^2+\left(\omega L-\frac{1}{\omega C}\right)^2}=\frac{U}{I} \tag{2-41}$$

式中，$|Z|$、R、X 三者之间可用直角三角形来表示，即阻抗三角形，如图 2-19（b）所示。

$$U=I|Z|=I\sqrt{R^2+(X_L-X_C)^2} \tag{2-42}$$

$$\varphi=\arctan\frac{X_L-X_C}{R}=\theta_u-\theta_i \tag{2-43}$$

式中，φ 称为阻抗角，表示的是电压和电流的初相位之差。

（3）*RLC* 串联电路的性质。

在 *RLC* 串联电路中，电路的性质一般由阻抗角来决定。

① $X_L>X_C$。

如图 2-20（a）所示，此时 $U_L>U_C$，阻抗角 $\varphi>0$，电压相量超前电流相量 φ 角，电路为电感性电路。

② $X_L<X_C$。

如图 2-20（b）所示，此时 $U_L<U_C$，阻抗角 $\varphi<0$，电压相量滞后电流相量 φ 角，电路为电容性电路。

③ $X_L=X_C$。

如图 2-20（c）所示，此时 $U_L=U_C$，相量虚部相互抵消，阻抗角 $\varphi=0$，电压相量和电流相量方向相同，电路为电阻性电路。

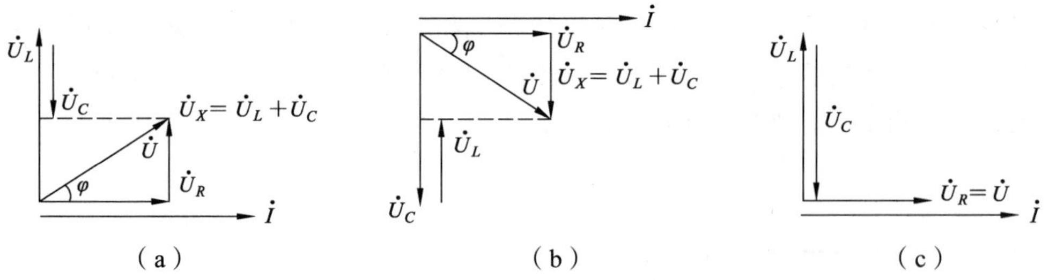

图 2-20　*RLC* 串联电路的相量图

例 2-16　有一 *RLC* 串联电路，其中 $R=20\ \Omega$，$L=100\ \text{mH}$，$C=50\ \mu\text{F}$，当信号频率 f 为工频时，试求复阻抗 Z，并确定电路的性质。

解：根据 *RLC* 串联电路，复阻抗为

$$
\begin{aligned}
Z &= R + \mathrm{j}(X_L - X_C) \\
&= R + \mathrm{j}(\omega L - \frac{1}{\omega C}) \\
&= 20 + \mathrm{j}\left(314 \times 100 \times 10^{-3} - \frac{1}{314 \times 50 \times 10^{-6}}\right) \\
&= (20 - \mathrm{j}32.3)\Omega
\end{aligned}
$$

虚部为负值，此电路为电容性电路。

例 2-17　某电器设备等效电路如图 2-21（a）所示，已知 R=190 Ω，$X_{L1} = 260\,\Omega$，电源电压 $u = 220\sqrt{2}\sin(314t + 30°)\mathrm{V}$，若 U_2=180 V，问串联的电感 L_X 为多少？

解： 以 $\dot{I}$ 为参考相量，作相量图如图 2-21（b）所示。

$$Z_1 = R + \mathrm{j}X_{L_1} = 190 + \mathrm{j}260 = 322\angle 53.8°\,(\Omega)$$

$$I = \frac{U_2}{|Z_1|} = \frac{180}{322} = 0.56\,(\mathrm{A})$$

$$U_R = IR = 0.56 \times 190 = 106.4\,(\mathrm{V})$$

$$U_{L_1} = IX_{L_1} = 0.56 \times 260 = 145.6\,(\mathrm{V})$$

$$U = \sqrt{U_R^2 + (U_{L_1} + U_{L_X})^2} = \sqrt{106.4^2 + (145.6 + U_{L_X})^2} = 220$$

$$U_{L_X} = 64.96\,(\mathrm{V})$$

$$X_{L_X} = \frac{U_{L_X}}{I} = \frac{64.96}{0.56} = 83.9\,(\Omega)$$

$$L_X = \frac{X_{L_X}}{\omega} = \frac{83.9}{314} = 0.267\,(\mathrm{H})$$

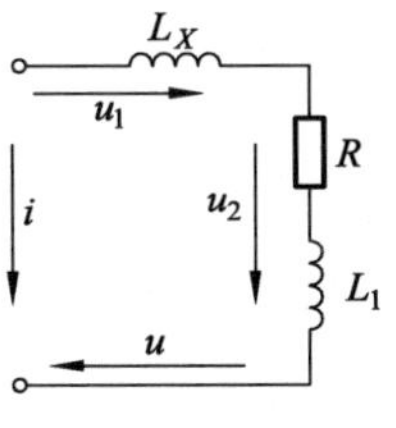

（a）

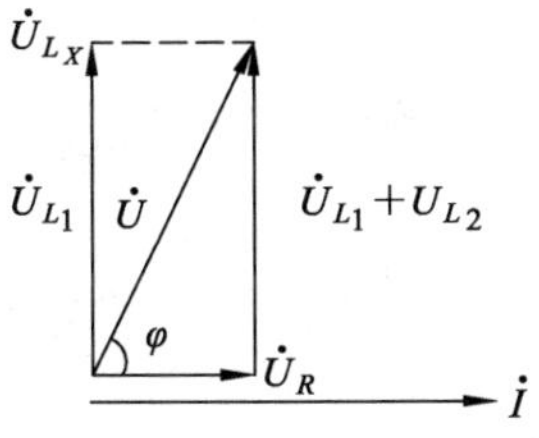

（b）

图 2-21　例 2-17 图

（4）阻抗串联电路。

在交流电路中，往往不止由一个电阻、电容、电感元件组成，如图 2-22 所示，电路由多个复阻抗串联而成，其电压和电流的方向如图所示，根据基尔霍夫电压定律可得

$$\dot{U} = \dot{U}_1 + \dot{U}_2 + \cdots + \dot{U}_n$$

其中 $\dot{U}_1 = \dot{I}Z_1$，$\dot{U}_2 = \dot{I}Z_2$，…，$\dot{U}_n = \dot{I}Z_n$，则

$$\dot{U} = \dot{I}(Z_1 + Z_2 + \cdots + Z_n)$$

令 $Z = Z_1 + Z_2 + \cdots + Z_n$，则

$$\dot{U} = \dot{I}Z \tag{2-44}$$

式中，Z 串联电路的等效阻抗。在串联电路中，电路的等效复阻抗等于各个串联复阻抗之和。

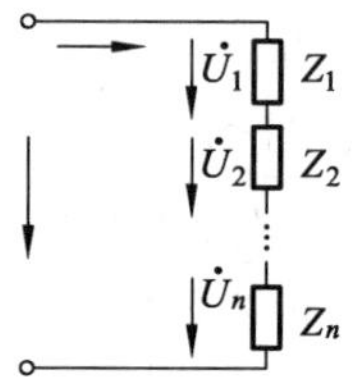

图 2-22　多阻抗串联

2. *RLC* 串联谐振

在 *RLC* 电路中，当电流与电压相位相同时，电路呈现电阻性质，这一现象称为电路谐振。

串联谐振

（1）谐振现象。

在 *RLC* 串联电路中，当输入信号为正弦信号时，该电路的复阻抗为

$$Z = R + \mathrm{j}(X_L - X_C) = R + \mathrm{j}X = |Z|\angle\varphi$$

当 $X = X_L - X_C = 0$ 时，电路相当于“纯电阻”电路，其总电压 u 和总电流 i 同相。串联电路出现的谐振又称“串联谐振”。

（2）串联电路产生谐振的条件。

由以上分析可知，在串联电路中发生串联谐振时

$$X_L - X_C = 0$$

若出现谐振时 $X_L = \omega_0 L$、$X_C = \dfrac{1}{\omega_0 C}$，则

$$\omega_0 L = \frac{1}{\omega_0 C} \Rightarrow \omega_0 = \sqrt{\frac{1}{CL}} \Rightarrow f_0 = \frac{1}{2\pi\sqrt{CL}}$$

式中，f_0 即为谐振频率。

从上述式子可以得知，电路中谐振的出现频率、电容、电感三个参数有关，出现谐振会引起过压，为了消除谐振，可以通过修改 L、C、f 三个参数。当 L、C 为定值时，可以通过改变频率 f 使 *RLC* 串联电路达到谐振；当频率 f 固定时，可以通过改变 L、C 的值使电路到达谐振。

（3）谐振电路的特征。

① 电路的阻抗。

$$|Z| = \sqrt{R^2 + (X_L - X_C)^2} = R$$

电路发生串联谐振时，电抗 X=0，阻抗为 R，此时电路阻抗呈纯阻性，其值最小。电源供给电路的能量全部被电阻所消耗。

② 电路电流。

$$I = I_0 = \frac{U}{R}$$

当外加电源 U 不变时，如图 2-23 所示，当电路发生谐振时，电流达到最大值。电流的相位与外加电源电压的相位相同，其大小与电阻成反比关系。

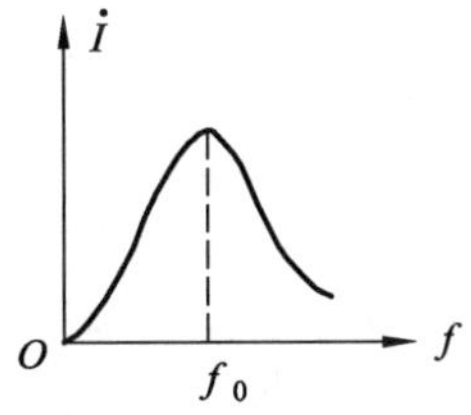

图 2-23 电流随频率变化曲线

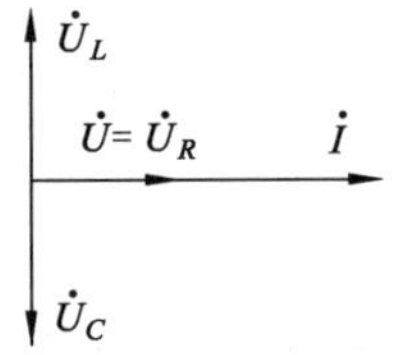

图 2-24 串联谐振相量图

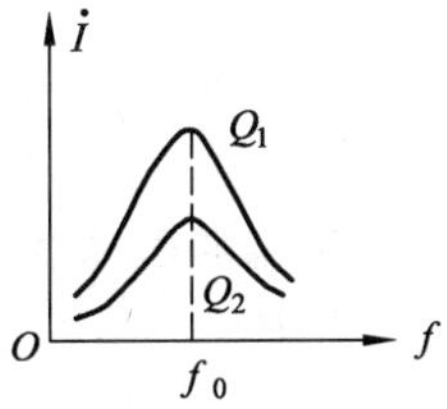

图 2-25 Q 与谐振曲线关系

③ 电路的电压。

由于 $\dot{U}_L = -\dot{U}_C$，如图 2-24 所示，则电路电压为

$$\dot{U} = \dot{U}_R$$

即电源电压等于电阻上的电压。但是，电感和电容上的电压单独作用不容忽视，因为

$$U_L = IX_L = \frac{U}{R} X_L$$

$$U_C = IX_C = \frac{U}{R} X_C$$

当 $X_L = X_C > R$ 时，U_L 和 U_C 都比电源电压要高；当 $X_L = X_C < R$ 时，U_L 和 U_C 都比电源电压要低；$X_L = X_C \gg R$ 时，U_L 和 U_C 的值远远高于电源电压很多倍。这是非常值得我们注意的问题。

④ 电路的品质因数。

U_L 或 U_C 与电压 U 的比值称为电路的品质因数，用 Q 来表示，即

$$Q = \frac{U_L}{U} = \frac{U_C}{U} = \frac{\omega_0 L}{R} = \frac{1}{\omega_0 CR} \quad (2\text{-}45)$$

因此，品质因数 Q 由电路的参数决定，如图 2-25 所示，当 L 和 C 的值不变时，只改变电阻 R 值。R 值越小，Q 值越大则谐振曲线越尖锐；R 值越大，Q 值越小则谐振曲线越平坦。

例 2-18 已知 RLC 串联电路中，$R = 1\,\Omega$，$L = 2\,\text{mH}$，电源电压 $u = 10\sqrt{2}\sin(2500t + 30°)\,\text{V}$，当电路发生串联谐振时，试求 C、U_C、U_L 及 Q。

解： *RLC* 串联电路发生串联谐振时，$\omega_0 L = 1/\omega_0 C$，故

$$C = \frac{1}{\omega_0{}^2 L} = \frac{1}{2500^2 \times 2 \times 10^{-3}} = 80\,(\mu\text{F})$$

电路的品质因数

$$Q = \frac{\omega_0 L}{R} = \frac{2500 \times 2 \times 10^{-3}}{1} = 5$$

谐振时电路中的电流为

$$I = \frac{U}{R} = 10\,(\text{A})$$

电容两端的电压为

$$U_C = IX_C = \frac{I}{\omega_0 C} = \frac{10}{2500 \times 80 \times 10^{-6}} = 50\,(\text{V})$$

$$U_L = IX_L = I\omega_0 L = 10 \times 2500 \times 2 \times 10^{-3} = 50\,(\text{V})$$

（三）*RLC* 并联电路

1. *RLC* 并联电路分析

在实际交流电路中，不单单只是有串联电路，*R*、*L*、*C* 还有多种组合关系，*RLC* 在组合过程中可以用复阻抗或电纳来表示电路各个部分对电流和电压的作用。

（1）复阻抗分析电路。

如图 2-26、2-27 所示，在电路中，是多条支路并联的电路，每一条支路都是一个简单 *RLC* 串联电路。在每个并联电路中，每一条支路的电压都相同，假设每一条支路的复阻抗为 Z_1、Z_2、…、Z_n，复阻抗 Z 可以是单一的某个元件，也可以是两个元件的串联，或者三个元件串联。

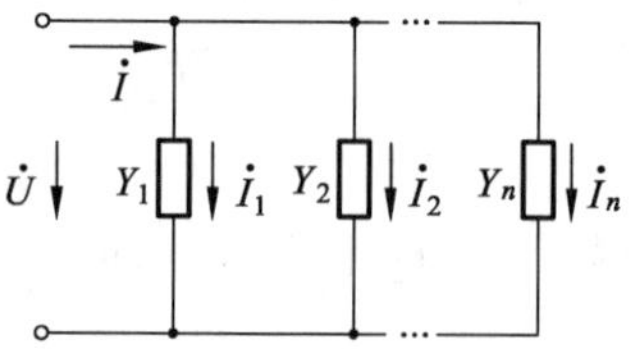

图 2-26　多阻抗并联

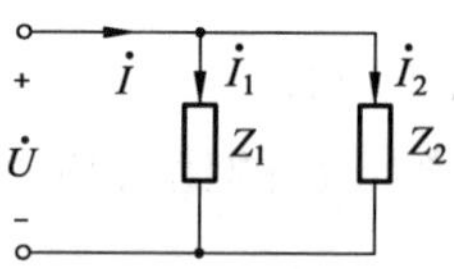

图 2-27　两阻抗并联

以两个复阻抗并联为例，如图 2-28 所示，由 KCL 得

$$\dot{I} = \dot{I}_1 + \dot{I}_2 = \frac{\dot{U}}{Z_1} + \frac{\dot{U}}{Z_2} = (\frac{1}{Z_1} + \frac{1}{Z_2})\dot{U} = \frac{Z_1 + Z_2}{Z_1 Z_2}\dot{U} \qquad (2\text{-}46)$$

令 $Z = \dfrac{Z_1 Z_2}{Z_1 + Z_2}$，则式（2-46）为

$$\dot{I} = \frac{\dot{U}}{Z} \tag{2-47}$$

式中，Z 为电路的等效阻抗。

（2）导纳法分析电路。

对于多个支路并联的电路，用导纳法分析比较方便。如图 2-28 所示，在电路图中，各分支的导纳为

$$Y_1 = \frac{1}{R} = G, Y_2 = \frac{1}{\mathrm{j}X_L} = -\mathrm{j}B_L, Y_3 = \frac{1}{-\mathrm{j}X_C} = \mathrm{j}B_C$$

其中，G 为电阻的电导，B_L 为电感的感纳，B_C 为电容的容纳，单位为“S”。

各支路的电流为

$$\dot{I}_R = Y_1\dot{U} = G\dot{U}\text{，}\dot{I}_L = Y_2\dot{U} = -\mathrm{j}B_L\dot{U}\text{，}\dot{I}_C = Y_3\dot{U} = \mathrm{j}B_C\dot{U}$$

$$\dot{I} = \dot{I}_R + \dot{I}_L + \dot{I}_C = \dot{U}(G - \mathrm{j}B_L + \mathrm{j}B_C) = \dot{U}(G + \mathrm{j}B)$$

式中，$B = B_C - B_L$，称为电纳，可以用电纳判断电路的性质：

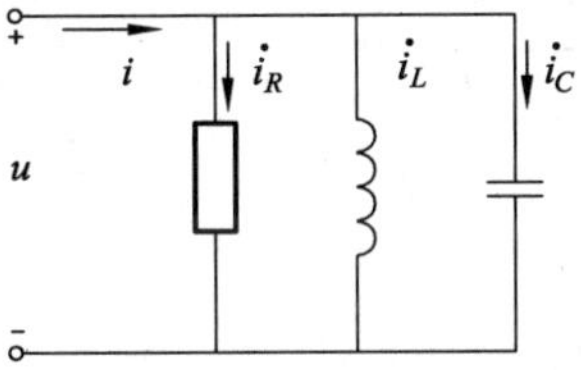

图 2-28　*RLC* 并联电路

① 当 $B>0$ 时，线路电流相位超前电源电压相位，电路呈电容性。

② 当 $B<0$ 时，线路电流相位滞后电源电压相位，电路呈电感性。

③ 当 $B=0$ 时，线路电流相位与电源电压相位相同，电路呈电阻性。

例 2-19　图 2-28 所示并联电路中，已知端电压 $u=220\sqrt{2}\sin(314t-30°)$ V，$X_L=8\ \Omega$，$X_C=10\Omega$，$R=10\ \Omega$。试求：（1）总导纳 Y；（2）各支路电流和总电流。

解： 参考方向如图所示。

（1）$Y_1 = \frac{1}{R} = 0.1(\mathrm{S})$

$$Y_2 = \frac{1}{\mathrm{j}X_L} = \frac{1}{\mathrm{j}8} = -\mathrm{j}0.125(\mathrm{S})$$

$$Y_3 = \frac{1}{-\mathrm{j}X_C} = \frac{1}{-\mathrm{j}10} = \mathrm{j}0.1(\mathrm{S})$$

总导纳 $Y = Y_1 + Y_2 + Y_3 = (0.1 - \mathrm{j}0.025)(\mathrm{S})$

电路呈现电感性。

（2）端电压 $\dot{U} = 220\angle -30°\mathrm{V}$

电流 $\dot{I}_R = \dot{U}Y_1 = 22\angle -30°\mathrm{A}$

$$\dot{I}_L = \dot{U}Y_2 = (22\angle -30°)\times(0.125\angle -90°) = 27.5\angle -120°(\text{A})$$

$$\dot{I}_C = \dot{U}Y_3 = (22\angle -30°)\times(0.1\angle 90°) = 22\angle 60°(\text{A})$$

总电流 $\dot{I} = \dot{I}_R + \dot{I}_L + \dot{I}_C = 22\angle -30° + 27.5\angle -120° + 22\angle 60° = 22.67\angle -44°(\text{A})$

2. *RLC* 并联谐振

工程上也常用到电感线圈与电容并联的谐振电路。如图 2-28 所示，同串联谐振一样，当端电压 u 和总电流 i 同相时，电路的这一工作状态称为并联谐振。

（1）并联谐振的条件。

用电纳法分析，电路等效电纳 $Y = G + j(B_C - B_L)$。当电路中出现并联谐振时，有

$$B_C - B_L = 0$$

$$Y = G = \frac{1}{R}$$

由 $B_C = \frac{1}{X_C} = \frac{1}{1/\omega_0 C} = \omega_0 C$，$B_L = \frac{1}{X_L} = \frac{1}{\omega_0 L}$，即

$$B_C - B_L = \omega_0 C - \frac{1}{\omega_0 L} = 0$$

由此可得

$$\omega_0 = \frac{1}{\sqrt{LC}}, \quad f_0 = \frac{1}{2\pi\sqrt{LC}}$$

（2）并联谐振的特征。

在 $\omega L \gg R$ 的情况下，并联谐振电路与串联谐振电路的谐振频率相同。

① 谐振时，$Y=G$，导纳为最小值，阻抗（$Z = \frac{L}{RC}$）为最大值，电路为纯阻性。

② 谐振时，线路中总电流最小，其相位与端电压同相。电感支路与电容支路的电流大小近似相等，为总电流的 Q 倍，所以并联谐振又称电流谐振。

谐振为交流电路中的一种特殊现象，在无线电和电工技术中得到广泛应用。但另一方面，发生谐振可能造成某种危害而应该加以避免。当 R 很小时，出现串联谐振的电路中，电感器和电容器上的电压会超出外加电压许多倍；而在并联谐振时电感器和电容器上的电流会超出外加电流许多倍，故在电力系统中要防止谐振的发生，以免引起的过电压、过电流造成系统的设备损坏或人身事故。

（四）正弦交流电路的功率

在前面已经介绍了单一参数电路中的功率计算，那么本章节将介绍多参数电路中功率的计算。在 *RLC* 组合电路中，电阻 R 是一个耗能元件，电容 C 和电感 L 可以进行能量交换，是一个储能元件。

1. 瞬时功率 p

如图 2-29 所示，设通过负载的电流为

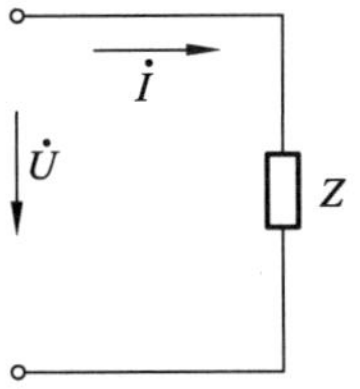

图 2-29　功率

$$i = \sqrt{2}I\sin\omega t$$

加在负载两端的电压为

$$u = \sqrt{2}U\sin(\omega t + \varphi)$$

则在 u、i 取关联参考方向时，负载吸收的瞬时功率为

$$\begin{aligned} p = ui &= \sqrt{2}I\sin(\omega t + \varphi)\cdot\sqrt{2}U\sin\omega t = 2UI\sin(\omega t + \varphi)\cdot\sin\omega t \\ &= UI\left[\cos\varphi - \cos(2\omega t + \varphi)\right] \end{aligned}$$

可见，瞬时功率有恒定分量 $UI\cos\varphi$ 和正弦分量 $UI\cos(2\omega t + \varphi)$ 两部分，正弦分量的频率是电源频率的两倍。

2. 有功功率 P

我们把一个周期内瞬时功率的平均值称为“平均功率”，或称为“有功功率”，用字母“P”表示。即

$$\begin{aligned} P &= \frac{1}{T}\int_0^T p\mathrm{d}t = \frac{1}{T}\int_0^T UI\left[\cos\varphi - \cos(2\omega t + \varphi)\right]\mathrm{d}t \\ &= \frac{1}{T}\int_0^T UI\cos\varphi\mathrm{d}t - \frac{1}{T}\int_0^T UI\cos(2\omega t + \varphi)\mathrm{d}t = UI\cos\varphi \end{aligned} \qquad (2\text{-}48)$$

这里的 φ 角是该负载的阻抗角，阻抗角的余弦（即 $\lambda = \cos\varphi$）称做负载的“功率因数”。

由于电感、电容元件上的平均功率为零，即 $P_L = 0$，$P_C = 0$，因而有功功率等于各电阻消耗的平均功率之和，即有

$$P = UI\cos\varphi = P_R = U_R I = I^2 R \qquad (2\text{-}49)$$

3. 无功功率 Q

无功功率的定义式为

$$Q = UI\sin\varphi \qquad (2\text{-}50)$$

在既有电感又有电容的电路中，总的无功功率等于两者的代数和，即

$$Q = Q_L + Q_C \qquad (2\text{-}51)$$

式（2-50）中 Q 为一代数量，可正可负，Q 为正表示电抗从电源吸收能量，并转化为电场能或磁场能存储起来；Q 为负表示电抗向电源发出能量，将存储的电场能或磁场能释放出来。

4. 视在功率 S

视在功率的定义式为

$$S = UI \tag{2-52}$$

即视在功率为电路中的电压和电流有效值的乘积。视在功率的单位为伏安（V·A），工程上也常用千伏安（kV·A）表示。二者的换算关系为

$$1\,\text{kV}\cdot\text{A} = 1\,000\,\text{V}\cdot\text{A}$$

5. 功率三角形

以上三种功率和功率因数 $\cos\varphi$ 在数量上有一定关系，可以用“功率三角形”将它们联系在一起（见图 2-30），即

$$S^2 = P^2 + Q^2 \tag{2-53}$$

其中

$$S = \sqrt{P^2 + Q^2}$$

$$\tan\varphi = \frac{Q}{P}$$

$$\lambda = \cos\varphi = \frac{P}{S}$$

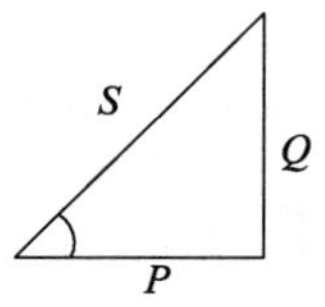

图 2-30　功率三角形

例 2-20　已知 RLC 串联电路中，$\dot{U} = 220\angle 60°\text{V}$，$R = 30\,\Omega$，$L = 255\,\text{mH}$，$C = 79.6\,\mu\text{F}$，求 Z、P、Q、S。

解：复阻抗 $Z = R + \text{j}(X_L - X_C) = R + \text{j}(\omega L - \dfrac{1}{\omega C}) = 30 + \text{j}40 = 50\angle 53.13°\Omega$

$$\dot{I} = \frac{\dot{U}}{Z} = \frac{220\angle 60°}{50\angle 53.13°} = 4.4\angle 6.87°(\text{A})$$

有功功率 $P = UI\cos\varphi = 220 \times 4.4\cos 53.13° = 580.8\,(\text{W})$

无功功率 $Q = UI\sin\varphi = 220 \times 4.4\sin 53.13° = 774.4\,(\text{var})$

视在功率 $S = UI = 220 \times 4.4 = 968\,(\text{V}\cdot\text{A})$

例 2-21　已知 40 W 的日光灯电路如图 2-31 所示，在 U=220 V 的电压之下，电流

值为 I=0.36 A，求该日光灯的功率因数 $\cos\varphi$ 及所需的无功功率 Q。

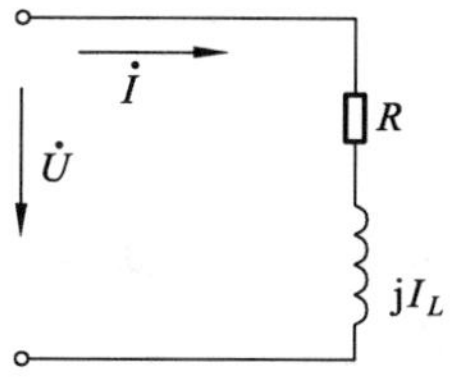

图 2-31　例 2-21 图

解： 因为 $P = UI\cos\varphi$

所以

$$\cos\varphi = \frac{P}{UI} = \frac{40}{220\times 0.36} = 0.5$$

由于是电感性电路，所以 $\varphi = 60°$。电路中的无功功率为

$$Q = UI\sin\varphi = 220\times 0.36\times \sin 60° = 69\,(\text{var})$$

6. 功率因数的提高

（1）提高功率因数的意义。

由于供电系统中的负载多为感性负载，如交流感应电动机、日光灯、变压器、发电机等，常常会使 $\cos\varphi$ 减小，从而造成 P 下降，能量不能充分地利用。

同时由于 $P = UI\cos\varphi$，所以 $I = P/U\cos\varphi$，在输电功率与输电电压一定的情况下，$\cos\varphi$ 越小，输电电流越大。因而增加了线路与发动机绕组的功率损耗。

所以，提高功率因数一方面可以使电源设备的容量得到充分的利用，同时也能使电能得到大量节约。

（2）提高功率因数的方法。

按照供电规则，高压供电的工业企业平均功率因数不低于 0.90。提高功率因数的常用方法就是与电感性负载并联电容器，其电路图和相量图如图 2-32 所示。

由相量图可知，并联电容器以后，总电压 u 和线路电流 i 之间的相位差 φ 变小了，即 $\cos\varphi$ 变大了。

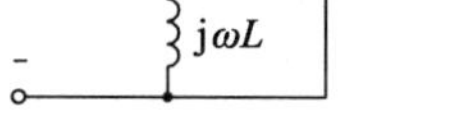

（a）

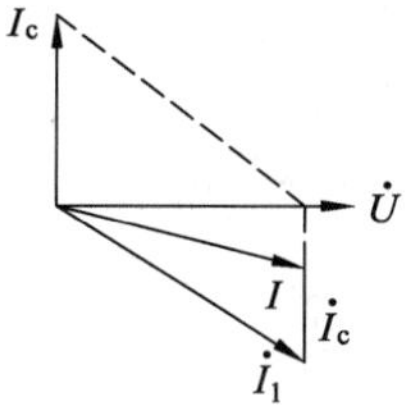

（b）

图 2-32　功率因数的提高

由相量图可求得

$$C = \frac{P}{\omega U^2}(\tan\varphi_1 - \tan\varphi_2) \tag{2-54}$$

【任务实施】

一、器材、器件

器材：万用表多台、信号发生器 1 台、示波器 1 台。
器件：电阻 1 个、电感 1 个、电容 1 个。

二、电路工作原理

如图 2-33 所示，I_n 为供电臂的 n 次谐波电流，I_{CLn} 为流经并联电容补偿装置的 n 次谐波电流，X_{C1} 为电容器组的基波容抗，X_{L1} 为串联电抗器的基波阻抗，I_{Sn} 为流入电力系统的 n 次谐波电流；X_{s1} 为牵引系统基波电抗。本实验将谐波电流分流等效电路转换成 RLC 串联等效电路，如图 2-33 所示。

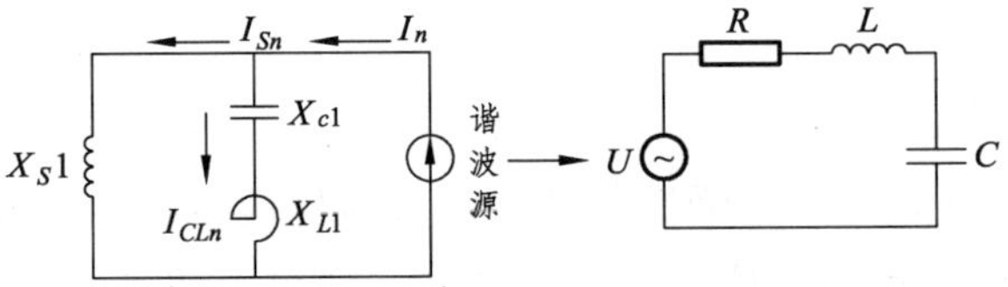

图 2-33　谐波等效电路图

系统电路发生谐振可以采用两种方法：一是当外施电压频率 f 固定时，改变电路电感 L 或电容 C 参数的方法，使电路满足谐振条件；另一种是当电路电感 L 或电容 C 参数固定时，可用改变外施电压频率 f 的方法，使电路在其谐振频率下达到谐振。在牵引供电系统电容补偿装置中，发生串联谐振是由牵引供电系统高次谐波的影响，即改变电源信号频率发生谐振。因此，在本实验中，通过信号发生器模拟系统高次谐波作为输入信号，R、L、C 的值固定不变，通过改变信号发生器频率使系统电路发生串联谐振，观察 R、L、C 的电压和线路电流的变化。根据串联谐振特点可知：

（1）线路阻抗 $|Z|=\sqrt{R^2+(X_L-X_C)^2}=R$；

（2）线路电压 $U=U_R$；

（3）线路电流 $I=\dfrac{U_R}{R}$。

三、任务实施步骤

（1）按照图 2-34 进行接线。

（2）调节信号发生器，使输出电压为 3 V，并保持不变。电阻 $R=100\,\Omega$，电感 $L=33\text{ mH}$，$C=0.01\,\mu\text{F}$。

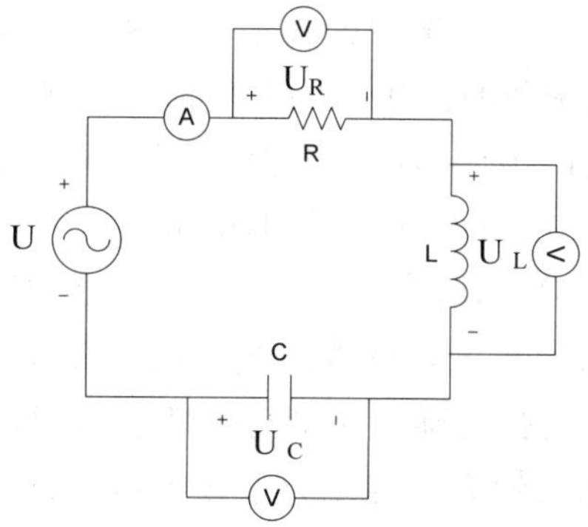

图 2-34 *RLC* 仿真接线

（3）找出电路谐振频率。通过在信号发生器频率设置谐振频率的理论值，观察接在电阻元件上的万用表的显示值为 3 V 或者示波器信号输出波形和电阻电压波形重合时，那么此时的频率即为电路的谐振频率，同时观察电感和电容的电压是否相等。

（4）在谐振频率两侧，按照表频率的增减，依次测出电阻、电感、电容的电压值，并计入表 2-1 中。根据 $f_0=\dfrac{1}{2\pi\sqrt{LC}}$ 计算谐振频率。

表 2-1 不同频率下电阻、电感、电容的电压值

测量内容	谐振频率 f_0 及谐振频率 f_0 上下频率 ← f_0 →								
频率 f/Hz									
电阻电压 U_R/V									
电感电压 U_L/V									
电容电压 U_C/V									
电流 I/A									

（5）调整电阻 R 的值，使 $R=1\,\text{k}\Omega$，重做上述实验，完成表 2-2。

表 2-2 调整电阻值后不同频率下电阻、电感、电容的电压值

测量内容	谐振频率 f_0 及谐振频率 f_0 上下频率 ← f_0 →								
频率 f/Hz									
电阻电压 U_R/V									
电感电压 U_L/V									
电容电压 U_C/V									
电流 I/A									

注意事项：

（1）电路的连接必须可靠。

（2）信号发生器的设置。由于选取的频率有多种，其对应的周期变化也比较大，为了读数更加准确，应分别调整时间坐标的分度值，并正确对数。

（3）使用万用表测不同的电气量时，选择好对应的功能，交流电压表、电流表上显示的读数为数值，并非向量，直接记录数据即可。

（4）接好的实验电路必须经认真检查后方可进行通电。若出错或者实验结果明显偏离实际值，请停止后仔细检查电路是否连线正确、接地点连接是否有误等情况，排除误点后再进行实验，直到实验正确、测量得到理想的读数。

（5）由于输出幅值变化比较大，为了方便读数以及使读数的准确性，根据幅值的大小调整纵轴倍率。

【任务小结】

（1）根据实验完填写表 2-1、2-2。

（2）根据实验内容所测得的数据用坐标纸在同一坐标上绘出 R、L、C 串联谐振 I-f 曲线。

（3）计算两种情况下电路的品质因数。

任务二

牵引降压所三相四线制负载电压、电流的测量

【任务描述】

与前面单相交流电路相比，三相交流电路具有更多的优越性，在电力系统中，电能的生产、传输和分配几乎都采用了三相制。以轨道交通供电为例，在轨道交通供电系统中，为了保证车站与线路区间的动力、照明负荷和通信信号电源供电，设置了降压变电所。在降压变电所中，动力、照明负荷配电系统采用 380 V/220 V 电压，中性点直接接地的三相四线制。由于变电所的负荷启动随时可以改变，使得每相所负荷可能不一致，那么在本任务中，将对三相交流电路负载对称或不对称时有无中性线进行模拟，通过改变 A、B、C 三相所带负载测量相电压、线电压、电流，比较各种情况下电气量的变化情况。

【知识储备】

在交流电路中可能会出现多个电源同时作用的情况，如果有三个电源同时作用且这三个电源频率相同、幅值相等、相位互差 120°，那么该交流电源所组成的供电系统称为三相制电路。三相电路与单相交流电路相比较，三相交流电在发电、输电和用电等方面具有许多优点：

（1）三相发电机比尺寸相同的单相发电机输出的功率要大。

（2）三相发电机的结构和制造不比单相发电机复杂多少，且使用、维护都较方便，运转时比单相发电机的振幅要小。

（3）在同样条件下输送同样大的功率时，特别是在远距离输电时，三相输电线比单相输电线可节约 25%的材料。

一、三相对称电动势的产生

1. 三相交流发电机的结构

三相对称电动势是由三相交流发电机产生的，三相交流发电机与单相交流发电机

的工作原理是相同的。三相交流电机通常由定子、转子、端盖及轴承等部件构成，其简化图如图 2-35（a）所示。

在发电机的转子上，固定有三组完全相同的绕组，它们的空间位置相差 120°，从而形成三相交流发电机的对称三相定子绕组 U、V、W。其中 U_1、V_1、W_1 为这三个绕组的始端；U_2、V_2、W_2 为三个绕组的末端。励磁绕组为转子绕组，通入直流电建立磁极，由于磁极面的特殊形状，使定子与转子间的空气隙中的磁场按正弦规律分布。

2. 三相交流发电机的工作原理

三相交流电的产生

当发电机的转子由原动机拖动以角速度 ω 按逆时针旋转时，对称三相定子绕组将依次切割磁场线，在三个绕组的两端分别产生幅值相同、频率相同、相位依次相差 120°的正弦电动势：$\dot{E}_{\mathrm{U}}$、$\dot{E}_{\mathrm{V}}$、$\dot{E}_{\mathrm{W}}$，具有上述特征的三相电动势称为对称三相电动势，规定电动势的参考方向由每相绕组的末端指向首端，如图 2-35（b）所示。以 U 相电动势为参考相量，它们的波形图和相量图分别如图 2-36 和图 2-37 所示。

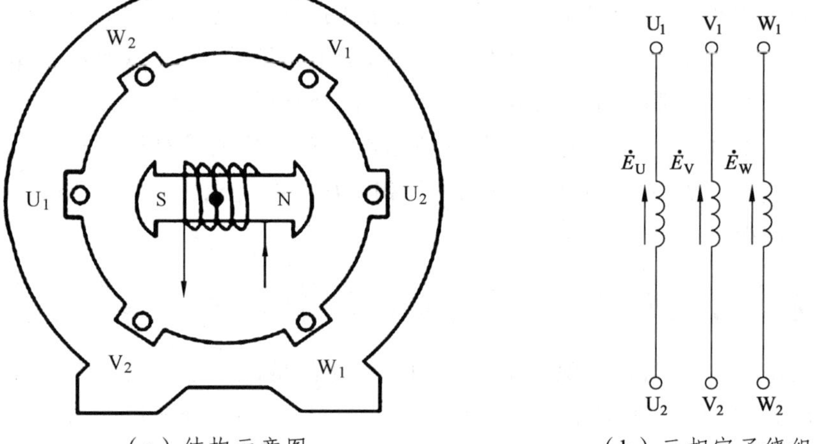

（a）结构示意图　　（b）三相定子绕组

图 2-35　三相交流发电机

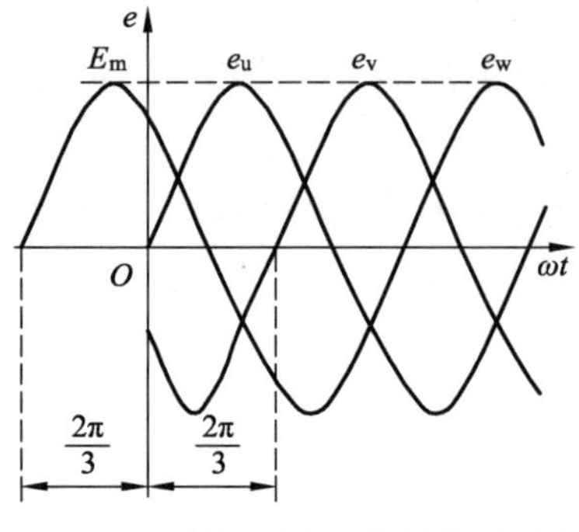

图 2-36　对称三相正弦量的波形图

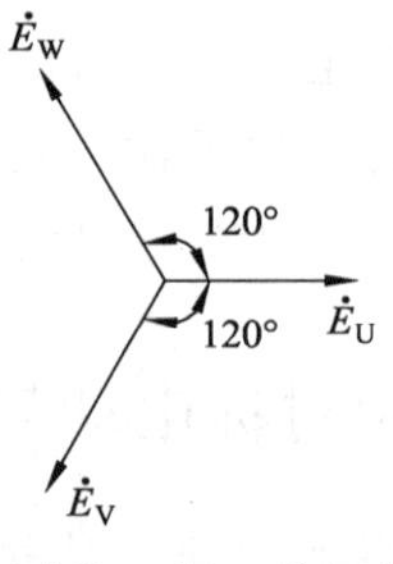

图 2-37　对称三相正弦量的相量图

三相对称电动势的瞬时表达式分别为

$$\left.\begin{aligned} e_{\mathrm{U}} &= E_{\mathrm{m}}\sin\omega t \\ e_{\mathrm{V}} &= E_{\mathrm{m}}\sin(\omega t-120^\circ) \\ e_{\mathrm{W}} &= E_{\mathrm{m}}\sin(\omega t+120^\circ) \end{aligned}\right\} \tag{2-55}$$

其相量表达式为

$$\left.\begin{aligned} \dot{E}_{\mathrm{U}} &= E_{\mathrm{m}}\angle 0^\circ \\ \dot{E}_{\mathrm{V}} &= E_{\mathrm{m}}\angle -120^\circ \\ \dot{E}_{\mathrm{W}} &= E_{\mathrm{m}}\angle 120^\circ \end{aligned}\right\} \tag{2-56}$$

从图 2-36 中可以看出，三相对称电动势的瞬时值之和为零，相量之和也为零，即

$$e_{\mathrm{U}}+e_{\mathrm{V}}+e_{\mathrm{W}}=E_{\mathrm{m}}\sin\omega t+E_{\mathrm{m}}\sin(\omega t-120^\circ)+E_{\mathrm{m}}\sin(\omega t+120^\circ)=0$$

$$\dot{E}_{\mathrm{U}}+\dot{E}_{\mathrm{V}}+\dot{E}_{\mathrm{W}}=E_{\mathrm{m}}\angle 0^\circ+E_{\mathrm{m}}\angle -120^\circ+E_{\mathrm{m}}\angle 120^\circ=0 \tag{2-57}$$

在图 2-36 中三个电压到达振幅值的顺序为 e_{U}、e_{V}、e_{W}。对称三相正弦量达到最大值（或零值）的顺序称为相序。我们把 U 相超前于 V 相，V 相超前于 W 相的顺序称为正相序，简称为正序；如 V 相超前 U 相 120°，W 相超前于 V 相 120°，这种相序称为反序或逆序。电力系统一般采用正序。

二、三相电源的连接

三相电源的每一相都可作为一个独立的电源，分别向负载供电。其绕组必须进行适当的连接，才可体现出三相交流电的优点，一般其绕组连接方式有星形（Y）和三角形（△）两种连接方式，下面对这两种连接方式分别加以讨论。

（一）三相电源的星形（Y）连接

将三相发电机绕组的末端 U_2、V_2、W_2 连接在一起成一个公共端点 N，而从绕组的三个始端 U_1、V_1、W_1 引出三根导线与外电路相连的三相电路称为三相电源的星形（Y）连接，如图 2-38 所示，N 称为中性点。

电路中的几个术语如下：

（1）相线：从三相绕组的始端 U_1、V_1、W_1 引出的导线称为相线，又称端线，俗称火线，分别用大写字母 U、V、W 表示。

（2）中性点：三个绕组的末端连接在一起的公共端点称为中性点，简称中点，用大写字母 N 表示。接地的中性点称为零点。

（3）中性线：从中性点引出导线，称为中性线，简称中线。接地的中线称为零线或地线。若三相电路中有中线，则称为三相四线制星形电路；若无中线，则称为三相三线制星形电路。

（4）相电压：在星形电路中，相线与中性线之间的电压称为相电压，用u_U、u_V、u_W表示。

（5）线电压：两相线间的电压称为线电压，用u_{UV}、u_{VW}、u_{WU}表示。

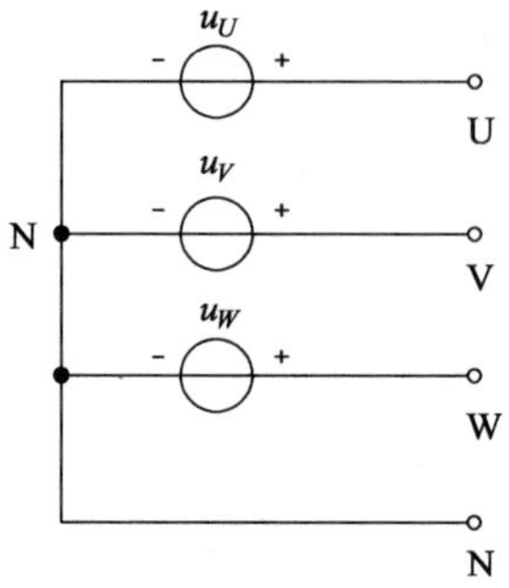

图 2-38　三相电源的星形（Y）连接

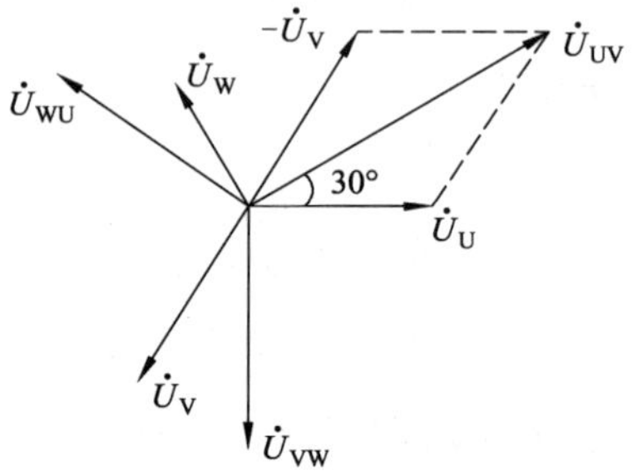

图 2-39　星形（Y）连接的三相电源相电压、线电压的相量图

在星形连接中，以 U 相相电压方向为参考方向，则三相相电压的相量式为

$$\dot{U}_U = U_P\angle 0°\text{，}\dot{U}_V = U_P\angle -120°\text{，}\dot{U}_W = U_P\angle 120° \tag{2-58}$$

相量如图 2-39 所示，在相量图中，根据 KVL 可求得线电压与相电压的关系，即

$$\dot{U}_{UV} = \dot{U}_U - \dot{U}_V = \dot{U}_U\left(1+\frac{1}{2}+\mathrm{j}\frac{\sqrt{3}}{2}\right) = \sqrt{3}\dot{U}_U\angle 30° \tag{2-59}$$

同理可得

$$\dot{U}_{VW} = \dot{U}_V - \dot{U}_W = \sqrt{3}\dot{U}_V\angle 30° \tag{2-60}$$

$$\dot{U}_{WU} = \dot{U}_W - \dot{U}_U = \sqrt{3}\dot{U}_W\angle 30° \tag{2-61}$$

因此，线电压的大小为相电压大小的$\sqrt{3}$倍，且线电压的相位比相应相电压相位超前 30°。三相线电压的有效值相等，相位互差 120°，三相线电压是对称的，三相线电压满足以下关系

$$\dot{U}_{UV} + \dot{U}_{VW} + \dot{U}_{WU} = 0 \tag{2-62}$$

或瞬时值关系表示如下

$$u_{UV} + u_{VW} + u_{WU} = 0 \tag{2-63}$$

即，在三相对称系统中，三相线电压相量或瞬时值之和恒为零。

例 2-22　在对称三相电源星形连接中，$\dot{U}_U = 220\angle 0°\text{V}$，$\omega = 314\ \text{rad/s}$，试求出三相电源各线电压和各相电压的解析式。

解：根据星形对称三相电源的特点，可以求得各相电压分别为

$$u_U = 220\sqrt{2}\sin 314t\ \text{V}$$

$$u_V = 220\sqrt{2}\sin(314t - 120°)\ \text{V}$$

$$u_{W} = 220\sqrt{2}\sin(314t + 120°)\ V$$

各线电压为：$u_{UV} = 220\sqrt{6}\sin(314t + 30°)\ V$

$$u_{VW} = 220\sqrt{6}\sin(314t - 90°)\ V$$

$$u_{WU} = 220\sqrt{6}\sin(314t + 150°)\ V$$

（二）三相电源的三角形（△）连接

三相发电机的三个绕组依次首（始端）尾（末端）依次相连，形成一个闭合回路，就可构成三角形连接，如图 2-40（a）所示，从三角形的三个连接点引出的三根导线即为三根相线。

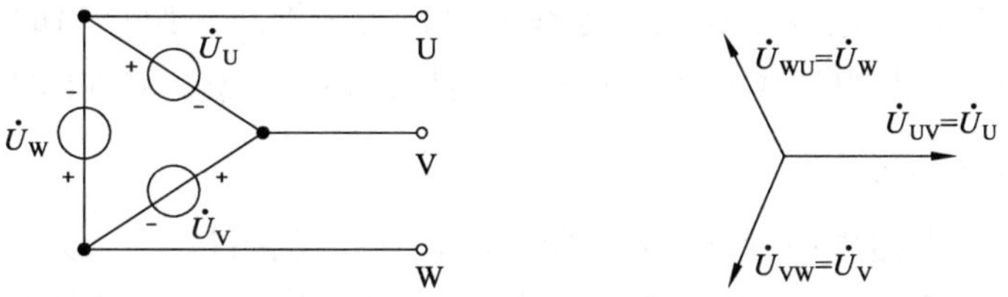

（a）　　　　（b）

图 2-40　三相电源的三角形连接（线电压等于相电压）

如图 2-40（b）所示，如果三相电源为三角形连接时，没有中性点 N，只能是三相三线制，线电压等于相电压，即

$$\dot{U}_{UV} = \dot{U}_{U}，\ \dot{U}_{VW} = \dot{U}_{V}，\ \dot{U}_{WU} = \dot{U}_{W} \qquad (2\text{-}64)$$

在三相对称系统中，在任何时刻，三相电压之和等于零，因此在三个绕组接成的闭合回路中，接线正确时，电源内部并没有回路电流。如果某一相绕组的始端和末端接反，就会在三角形内部产生回路电流。

例 2-23　三相发电机接成三角形供电，相序为正序，相电压 $\dot{U}_{VW} = 380\angle 30°\text{V}$，试确定 U、V、W 相的相电压。

解：因为三相电源为正序，则

$$\dot{U}_{V} = \dot{U}_{VW} = 380\angle 30°\ (\text{V})$$

$$\dot{U}_{U} = 380\angle(30° + 120°) = 380\angle 150°\ (\text{V})$$

$$\dot{U}_{W} = 380\angle(30° - 120°) = 380\angle -90°\ (\text{V})$$

三、三相负载的连接

三相负载即为三相电源的负载，三相电路的负载由三部分组成，其中每一部分称为一相负载。若三相负载具有相同的阻抗，则称为对称三相负载，如三相电动机、三相变压器等；若三相负

三相负载的连接

载具有不同的阻抗，则称为不对称三相负载，如由三个单相照明电路组成的三相负载。

三相负载根据其连接方式不同，分成星形连接和三角形连接两种，下面分别加以讨论。

三相负载连接必须依照两个原则：遵照电源电压等于负载额定电压的原则；对于不对称三相负载，应该尽可能将其均衡地接在三相电源上。

（一）三相负载的星形（Y）连接

在图 2-41（a）所示，将三相负载的一端连接到一个公共端点上，负载的另一端分别接到三相电源的三个相线上，此种连接成为星形连接。负载的公共端点称为负载的中性点，用 N′ 表示。若将负载的中性点与电源的中性点连接，就可以构成三相四线制电路，而负载中性点与电源中性点的连线 NN′ 称为中性线，两点间的电压称为中性点电压。若负载中性点与电源中性点无中性线连接，构成三相三线制电路。

1. 三相四线制电路

在三相四线制电路中中性线的阻抗远远小于负载的阻抗，可以忽略不计，中性点电压近似为零。根据 KVL 可得，各相负载的电压就等于该相电源的相电压。

如图 2-41 所示，流过每相负载的电流称为相电流，其表达式为

$$\begin{aligned}\dot{I}_{\mathrm{U}}&=\frac{\dot{U}_{\mathrm{U}}}{Z_{\mathrm{U}}}\\ \dot{I}_{\mathrm{V}}&=\frac{\dot{U}_{\mathrm{V}}}{Z_{\mathrm{V}}}\\ \dot{I}_{\mathrm{W}}&=\frac{\dot{U}_{\mathrm{W}}}{Z_{\mathrm{W}}}\end{aligned} \tag{2-65}$$

通过端线的电流称为线电流。显然在三相负载连接成星形的电路中，某相负载的相电流就是对应的线电流，即线电流和相电流相等。

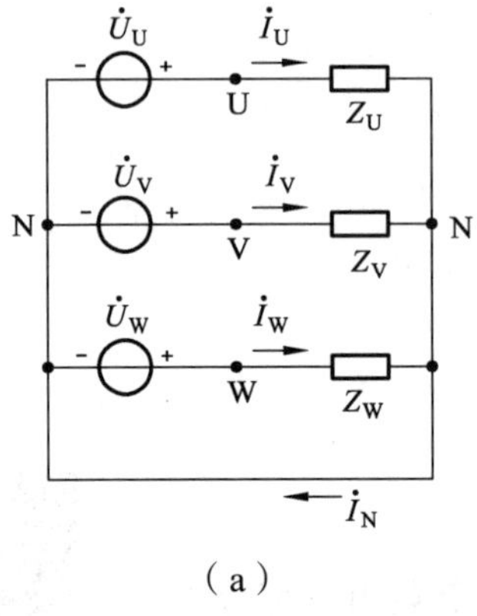

（a）

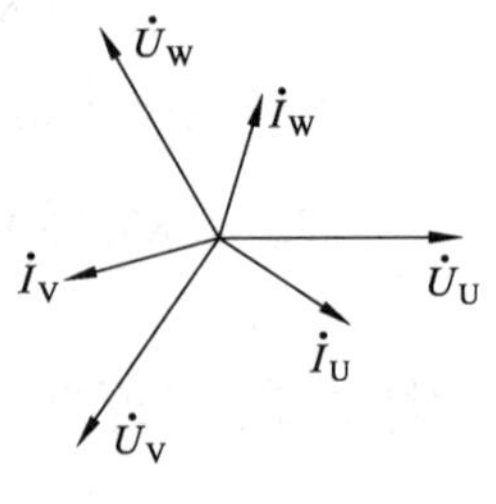

（b）

图 2-41　三相四线制电路及电压、电流相量图

通过中性线的电流称为中线电流，用 I_N 表示。流过中线电流根据 KVL 定律可知

$$\dot{I}_N = \dot{I}_U + \dot{I}_V + \dot{I}_W \tag{2-66}$$

三相负载可以分为两种：三相对称负载和三相不对称负载。但是不论负载是否对称，在三相四线制电路中，负载端的电压总是对称的，这是三相四线制电路的一个重要特点。因为三相四线制电路中性线的存在，可以将对称的三相电源直接加在三相负载上。

（1）三相对称负载。

在三相电源对称系统中，如果负载的复阻抗相等，则负载阻抗 $Z_U = Z_V = Z_W = Z$，因此流过负载端线的相电流大小相等，相位上依照相序关系相差 120°，是对称的正弦量，即

$$\begin{aligned}
&\dot{I}_U = \frac{\dot{U}_U}{Z} \\
&\dot{I}_V = \frac{\dot{U}_V}{Z} = \frac{\dot{U}_U}{Z}\angle -120° = \dot{I}_U\angle -120° \\
&\dot{I}_W = \frac{\dot{U}_W}{Z} = \frac{\dot{U}_U}{Z}\angle 120° = \dot{I}_U\angle 120°
\end{aligned} \tag{2-67}$$

因此，中性线电流为

$$\dot{I}_N = \dot{I}_U + \dot{I}_V + \dot{I}_W = \dot{I}_U + \dot{I}_U\angle -120° + \dot{I}_U\angle 120° = 0 \tag{2-68}$$

式（2-67）和（2-68）表明，在三相对称负载中，三相负载的相电流和线电流对称，流过中性线的电流为零，电源中性点和负载中性点电位相同，因此在对称三相四线制的电路中可去掉中线。在对称三相电路中，进行电流计算时只需算出一相的电流，再根据对称性求出另外两相的电流。

在进行计算星形连接的电路时，可以用到以下关系式，即

$$\begin{aligned}
&I_L = I_P \\
&U_L = \sqrt{3}U_P
\end{aligned}$$

式中，I_L、U_L 为线电流、线电压；I_P、U_P 为相电流、相电压。

（2）三相不对称负载。

在实践中，经常有三相负载不对称的情况。为了保证负载能正常工作，在低压配电系统中，通常采用三相四线制。要求接入的中线阻抗接近于零，即 $Z_N \approx 0$，来保证三相负载中性点与三相电源中性点的电压 $U_{NN'} \approx 0$。

在三相负载不对称，而三相电源对称的电路中，由于中性线的存在，加在负载上的电压对称，使得各相负载相互独立，负载的工作状态正常。三相负载不对称，使得三相电流也不对称，中性线电流 $\dot{I}_N \neq 0$。

通过以上分析，如果三相负载不对称，中性线中就会有电流通过，此时中性线不能除去，否则会造成负载上三相电压严重不对称，使负载相关设备不能正常工作。中性线的作用是将负载的中点与电源的中点相连，保证负载的三相电压对称。为了避免

中性线的断开，在中性线上是不允许接入开关和熔断器的。

例 2-24 三相四线制电路中，星形负载各相阻抗分别为 Z_U=8+j6 Ω，Z_V=6−j8 Ω，Z_W=5 Ω，电源线电压为 380 V，求各相电流。

解：设电源为星形连接，则相电压为

$$U_P = \frac{U_L}{\sqrt{3}} = 220\ \text{V}，\quad \dot{U}_U = 220\angle 0°\text{V}$$

则各相负载的相电流为

$$\dot{I}_U = \frac{\dot{U}_U}{Z_U} = \frac{220\angle 0°}{8+\text{j}6} = \frac{220\angle 0°}{10\angle 36.9°} = 22\angle -36.9°(\text{A})$$

$$\dot{I}_V = \frac{\dot{U}_V}{Z_V} = \frac{220\angle -120°}{6-\text{j}8} = \frac{220\angle -120°}{10\angle -53.1°} = 22\angle -66.9°(\text{A})$$

$$\dot{I}_W = \frac{\dot{U}_W}{Z_W} = \frac{220\angle 120°}{5} == 44\angle 120°(\text{A})$$

2. 三相三线制电路

如图 2-42 所示为三相三线制电路，电源和负载都为星形连接，中性点之间的电压为

$$\dot{U}_{N'N} = \frac{\dfrac{\dot{U}_U}{Z_U}+\dfrac{\dot{U}_V}{Z_V}+\dfrac{\dot{U}_W}{Z_W}}{\dfrac{1}{Z_U}+\dfrac{1}{Z_V}+\dfrac{1}{Z_W}}$$

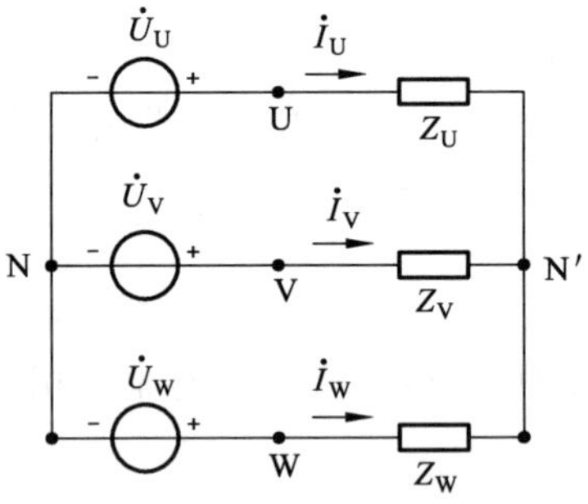

图 2-42 三相三线制电路

若负载为对称负载时，令 $Z_U = Z_W = Z_V = Z = |Z|\angle\varphi$，则

$$\dot{U}_{N'N} = \frac{\dfrac{\dot{U}_U}{Z_U}+\dfrac{\dot{U}_V}{Z_V}+\dfrac{\dot{U}_W}{Z_W}}{\dfrac{1}{Z_U}+\dfrac{1}{Z_V}+\dfrac{1}{Z_W}} = \frac{\dfrac{\dot{U}_U}{Z}+\dfrac{\dot{U}_V}{Z}+\dfrac{\dot{U}_W}{Z}}{\dfrac{1}{Z}+\dfrac{1}{Z}+\dfrac{1}{Z}} = \frac{\dot{U}_U+\dot{U}_V+\dot{U}_W}{3} = 0$$

可见，负载对称时，中性点的电压为零，即负载中性点与电源中性点等电位。U、V、W 三相负载的电压为该相电源的电压，与三相四线制的情况相同，因此，U、V、

W 三相的电流也对称，即各相负载端相电流的大小相等，相位互差 120°。

若负载不对称时，则中性点之间的电压不等于零。

（二）三相负载的三角形（△）连接

图 2-43（a）所示为负载的三角形连接电路，U、V、W 三相负载都直接接在相应的两根火线之间，U、V、W 三相负载的相电压为电源的线电压。这时不论负载是否对称，负载的相电压总是对称的，即

$$U_{UV}=U_{VW}=U_{WU}=U_L=U_P$$

负载三角形连接时，负载的相电流为

$$\dot{I}_{UV}=\frac{\dot{U}_{UV}}{Z_{UV}}\quad \dot{I}_{VW}=\frac{\dot{U}_{VW}}{Z_{VW}}\quad \dot{I}_{WU}=\frac{\dot{U}_{WU}}{Z_{WU}} \tag{2-69}$$

各相负载的相电压与相电流之间的相位差为对应相的阻抗角，即

$$\varphi_I=\varphi_U-\varphi_Z$$

式中，φ_I 为各相负载相电流的相角；φ_U 为各相负载所加电压的相角；φ_Z 为各相负载的阻抗角。

负载的线电流可以写成为

$$\left.\begin{aligned}\dot{I}_U&=\dot{I}_{UV}-\dot{I}_{WU}\\ \dot{I}_V&=\dot{I}_{VW}-\dot{I}_{UV}\\ \dot{I}_W&=\dot{I}_{WU}-\dot{I}_{VW}\end{aligned}\right\} \tag{2-70}$$

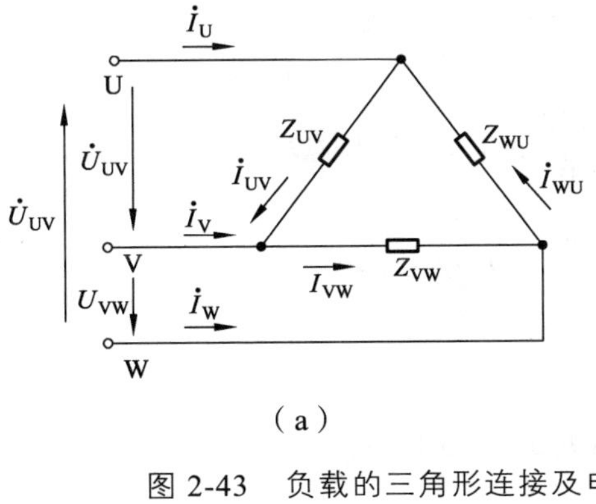

（a）

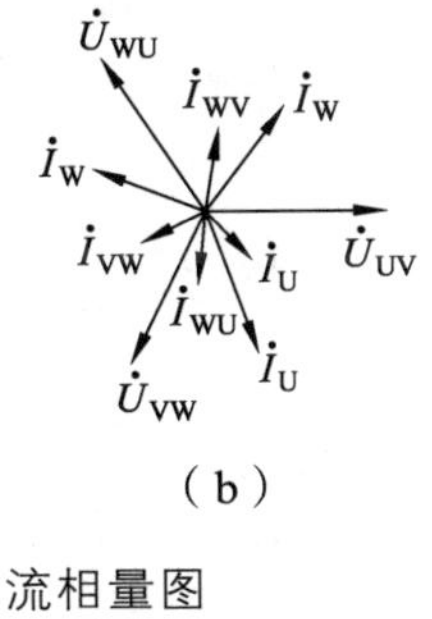

（b）

图 2-43　负载的三角形连接及电压、电流相量图

1. 若三相负载对称时，及

$$Z_{UV}=Z_{VW}=Z_{WU}=Z=R+jX$$

$$\varphi_{UV}=\varphi_{VW}=\varphi_{WU}=\varphi_Z=\arctan\frac{X}{R}$$

则各相负载的相电流为

$$\left.\begin{aligned}\dot{I}_{\mathrm{UV}}&=\frac{\dot{U}_{\mathrm{UV}}}{Z_{\mathrm{UV}}}=\frac{\dot{U}_{\mathrm{UV}}}{Z}\\\dot{I}_{\mathrm{VW}}&=\frac{\dot{U}_{\mathrm{VW}}}{Z_{\mathrm{VW}}}=\frac{\dot{U}_{\mathrm{VW}}}{Z}=\dot{I}_{\mathrm{UV}}\angle-120^\circ\\\dot{I}_{\mathrm{WU}}&=\frac{\dot{U}_{\mathrm{WU}}}{Z_{\mathrm{WU}}}=\frac{\dot{U}_{\mathrm{WU}}}{Z}=\dot{I}_{\mathrm{UV}}\angle120^\circ\end{aligned}\right\}\tag{2-71}$$

由上式可知，负载三角形连接时，如果负载对称，则各相负载的相电流是对称的，如图 2-43（b）所示。

此时的三相负载的线电流与相电流的关系为

$$\begin{aligned}\dot{I}_{\mathrm{U}}&=\dot{I}_{\mathrm{UV}}-\dot{I}_{\mathrm{WU}}=\dot{I}_{\mathrm{UV}}-\dot{I}_{\mathrm{UV}}\angle120^\circ\\&=\dot{I}_{\mathrm{UV}}(1-\cos120^\circ-\mathrm{j}\sin120^\circ)\\&=\sqrt{3}\dot{I}_{\mathrm{UV}}\angle-30^\circ\end{aligned}$$

同理，$\dot{I}_{\mathrm{V}}=\sqrt{3}\dot{I}_{\mathrm{VW}}\angle-30^\circ$

$$\dot{I}_{\mathrm{W}}=\sqrt{3}\dot{I}_{\mathrm{WU}}\angle-30^\circ$$

可见，此时三相线电流也是对称的。线电流与相电流的关系：线电流的相位滞后相应相电流 30°；线电流的有效值为相应相电流有效值的 $\sqrt{3}$ 倍。

例 2-25 在三相对称电路中，负载为三角形连接，线电压 $\dot{U}_{\mathrm{UV}}=380\angle0^\circ\mathrm{V}$，每相负载阻抗 $Z=12+\mathrm{j}16\,\Omega$，求各相的相电流和线电流。

解： 由于电路为三相对称电路，利用三相电压和电流的对称关系，则相电流为

$$\dot{I}_{\mathrm{UV}}=\frac{\dot{U}_{\mathrm{UV}}}{Z}=\frac{380\angle0^\circ}{12+\mathrm{j}16}=19\angle-53.1^\circ(\mathrm{A})$$

$$\dot{I}_{\mathrm{VW}}=\frac{\dot{U}_{\mathrm{VW}}}{Z}=\frac{380\angle-120^\circ}{12+\mathrm{j}16}=19\angle-173.1^\circ(\mathrm{A})$$

$$\dot{I}_{\mathrm{WU}}=\frac{\dot{U}_{\mathrm{WU}}}{Z}=\frac{380\angle120^\circ}{12+\mathrm{j}16}=19\angle66.9^\circ(\mathrm{A})$$

线电流为

$$\dot{I}_{\mathrm{U}}=\sqrt{3}\dot{I}_{\mathrm{UV}}\angle-30^\circ=19\sqrt{3}\angle-83.1^\circ(\mathrm{A})$$

$$\dot{I}_{\mathrm{V}}=\sqrt{3}\dot{I}_{\mathrm{VW}}\angle-30^\circ=19\sqrt{3}\angle-203.1^\circ(\mathrm{A})$$

$$\dot{I}_{\mathrm{W}}=\sqrt{3}\dot{I}_{\mathrm{WU}}\angle-30^\circ=19\sqrt{3}\angle36.9^\circ(\mathrm{A})$$

四、三相电路的功率

三相负载的有功功率等于各相负载的有功功率之和，三相负载的无功功率等于各

相负载的无功功率之和。

（一）三相负载的有功功率

三相负载的总有功功率等于各相负载有功功率之和，即

$$P = P_U + P_V + P_W = U_U I_U \cos\varphi_U + U_V I_V \cos\varphi_V + U_W I_W \cos\varphi_W \quad (2\text{-}72)$$

式中，U_U、U_V、U_W为各相电压的有效值，I_U、I_V、I_W为各相电流的有效值，$\cos\varphi_U$、$\cos\varphi_V$、$\cos\varphi_W$为各相负载的功率因数。

当三相负载对称时，则三相电压和电流对称、有效值相等，即

$$U_U I_U \cos\varphi_U = U_V I_V \cos\varphi_V = U_W I_W \cos\varphi_W = U_P I_P \cos\varphi_P \quad (2\text{-}73)$$

则总有功功率为

$$P = P_U + P_V + P_W = 3U_P I_P \cos\varphi_P \quad (2\text{-}74)$$

式中，U_P、I_P为负载上的相电压和相电流。

当负载为星形连接时，有

$$U_P = \frac{U_L}{\sqrt{3}}, I_P = I_L \quad (2\text{-}75)$$

$$P = 3U_P I_P \cos\varphi_P = \sqrt{3} U_L I_L \cos\varphi_P \quad (2\text{-}76)$$

当负载为三角形连接时，有

$$U_P = U_L, \quad I_P = \frac{I_L}{\sqrt{3}}$$

$$P = 3U_P I_P \cos\varphi_P = \sqrt{3} U_L I_L \cos\varphi_P$$

即对称三相电路的有功功率的计算公式为$P = \sqrt{3} U_L I_L \cos\varphi_P$，与负载的连接方式无关，但$\varphi_P$仍然是相电压与相电流之间的相位差，由负载的阻抗角决定。

（二）三相负载的无功功率

三相负载总无功功率等于各相负载无功功率之和，即

$$Q = Q_U + Q_V + Q_W = U_U I_U \sin\varphi_U + U_V I_V \sin\varphi_V + U_W I_W \sin\varphi_W \quad (2\text{-}77)$$

若三相负载是对称的，则各相负载的无功功率相等，均为

$$U_U I_U \sin\varphi_U = U_V I_V \sin\varphi_V = U_W I_W \sin\varphi_W = U_P I_P \sin\varphi_P \quad (2\text{-}78)$$

无论负载接成星形还是三角形，则有

$$Q = Q_U + Q_V + Q_W = 3U_P I_P \sin\varphi_P = \sqrt{3} U_L I_L \sin\varphi_P \quad (2\text{-}79)$$

（三）三相负载的视在功率

三相负载的视在功率为

$$S=\sqrt{P^2+Q^2} \tag{2-80}$$

若三相负载对称，则

$$S=\sqrt{(3U_{\mathrm{P}}I_{\mathrm{P}}\cos\varphi_{\mathrm{P}})^2+(3U_{\mathrm{P}}I_{\mathrm{P}}\sin\varphi_{\mathrm{P}})^2}=3U_{\mathrm{P}}I_{\mathrm{P}} \tag{2-81}$$

根据不同负载连接时线电压、线电流与相电压、相电流的关系，可知

$$S=\sqrt{3}U_{\mathrm{L}}I_{\mathrm{L}}$$

（四）三相负载的功率因数

三相负载的功率因数为

$$\lambda=\frac{P}{S} \tag{2-82}$$

若负载对称，则

$$\lambda=\frac{P}{S}=\frac{3U_{\mathrm{P}}I_{\mathrm{P}}\cos\varphi_{\mathrm{P}}}{3U_{\mathrm{P}}I_{\mathrm{P}}}=\cos\varphi_{\mathrm{P}} \tag{2-83}$$

在负载对称时，三相负载的功率因数与每一相负载的功率因数相等。在不对称负载中，各相功率因数不同，三相负载的功率因数值无实际意义。

例 2-26 有一对称三相负载作星形连接时，每相阻抗 Z=32+j24 Ω，电源线电压 U_l=380 V。求：（1）三相负载相电流；（2）电路的有功功率和无功功率。

解： 令 $\dot{U}_{\mathrm{U}}=\frac{380}{\sqrt{3}}\angle 0°=220\angle 0°\mathrm{V}$，则

$$\dot{U}_{\mathrm{UV}}=380\angle 30°\mathrm{V}、\dot{U}_{\mathrm{VW}}=380\angle -90°\mathrm{V}、\dot{U}_{\mathrm{WU}}=380\angle 150°\mathrm{V}$$

可求得相电流为

$$\dot{I}_{\mathrm{UV}}=\frac{\dot{U}_{\mathrm{UV}}}{Z}=\frac{380\angle 30°}{32+\mathrm{j}24}=\frac{380\angle 30°}{40\angle 36.87°}=9.5\angle -6.87°(\mathrm{A})$$

由于该电路为三相对称电路，则三相电流满足对称关系，则

$$\dot{I}_{\mathrm{VW}}=\frac{\dot{U}_{\mathrm{VW}}}{Z}=9.5\angle -126.87°\mathrm{A}$$

$$\dot{I}_{\mathrm{WU}}=\frac{\dot{U}_{\mathrm{WU}}}{Z}=9.5\angle 113.13°\mathrm{A}$$

三相电路的有功功率为

$$P = 3U_{\mathrm{P}}I_{\mathrm{P}}\cos\varphi_{\mathrm{P}} = 3\times220\times9.5\cos6.87^\circ \approx 6.22\,(\mathrm{kW})$$

三相电路的无功功率为

$$Q = 3U_{\mathrm{P}}I_{\mathrm{P}}\sin\varphi_{\mathrm{P}} = 3\times220\times9.5\sin6.87^\circ \approx 750.00\,(\mathrm{var})$$

【任务实施】

一、器材器件

三相电源、三相电源电压指示仪表、白炽灯 4 盏、开关 4 个。

示波器、万用表、交流电压表、交流电流表。

二、电路原理

在降压所中，三相交流相电压为 220 V，线电压为 380 V。本任务以灯泡作为负载，把灯泡看成是负载阻抗。本实验是模拟三相四线制负载变化时对电压、电流的测量，三相电源采用星形接线，三相负载用白炽灯代替，如图 2-44 所示。

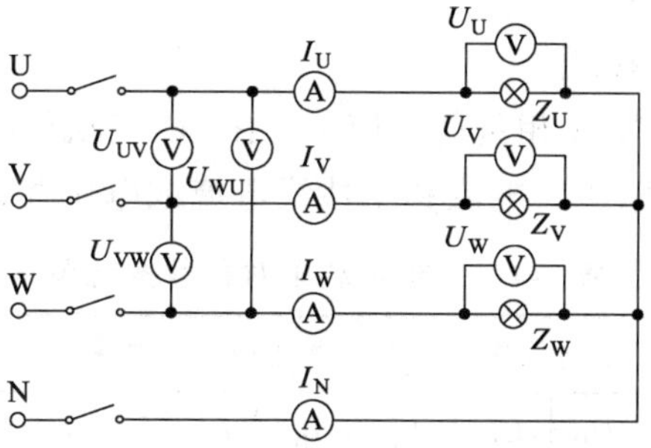

图 2-44　三相四线制电路

三相四线制供电线路实质上每相各自供电的线路，正常情况下，中性线电流为三相电流的相量和，应该等于零；线电压为相电压 $\sqrt{3}$ 倍，相角朝前 30°。

三、任务步骤

1. 三相负载对称

（1）按照图 2-45 接线，将电源和负载都连接成星形接线，闭合开关 S_1、S_2、S_3。

（2）调节三相电源，使输出相电压为 220 V，测量线电压和相电压值。

（3）用示波器测量三相相电压和线电压，读出它们的最大值，观察它们的相位差。

（4）当三相电路存在中性线时，即开关 S_4 闭合，测量各相的电流、中性线电流和各相电压，并计入表 2-3 中。

（5）当三相电路不存在中性线时，开关 S_4 断开，测量各相的电流、电压计入表 2-3 中。

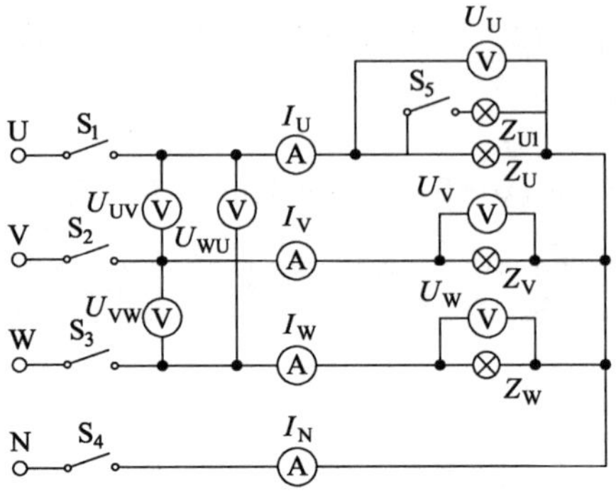

图 2-45　三相负载测量

表 2-3　三相负载对称数据记录

中线连接	负载线电压			负载相电压/V			负载电流/A			中线电流/A	U_{N0}/V	亮度比较		
	U_{AB}	U_{BC}	U_{CA}	U_A	U_B	U_C	I_A	I_B	I_C	I_0		A	B	C
有														
无														

2. 三相负载不对称

（1）按照图 2-45 进行接线。

（2）闭合开关 S_5，调节 A 相负荷，使 A、B、C 三相负载不对称。

（3）测量相电压、线电压、电流和中性线电流或电压并计入表 2-4 中。

表 2-4　三相负载不对称数据记录

中线连接	负载线电压			负载相电压/V			负载电流/A			中线电流/A	U_{N0}/V	亮度比较		
	U_{AB}	U_{BC}	U_{CA}	U_A	U_B	U_C	I_A	I_B	I_C	I_0		A	B	C
有														
无														

3. 三相负载故障

（1）按照图 2-45 进行接线。

（2）以 A 出现故障为例进行模拟，断开开关 S_1 模拟 A 相断线。

（3）测量相电压、线电压、电流和中性线电流或电压并计入表 2-5 中。

表 2-5　三相负载故障接线

中线连接	负载线电压			负载相电压/V			负载电流/A			中线电流/A	U_{N0}/V	亮度比较		
	U_{AB}	U_{BC}	U_{CA}	U_A	U_B	U_C	I_A	I_B	I_C	I_0		A	B	C
有														
无														

注意事项：

（1）在设置对称三相电源电压时，注意设置。

（2）在使用万用表对电压、电流测量时，注意打到相应的挡位，一定注意交直流挡的选择。

（3）注意电压、电流表的连接。

【任务小结】

（1）用示波器观察三相电源电压波形，并画出波形图。

（2）根据测量情况，完成表 2-3、表 2-4、表 2-5。

（3）分析对称负载时，线电压、相电压的关系；不对称时，中性线的作用。

项目检测

2-1　什么是交流电、周期性交流电和正弦交流电？

2-2　什么是交流电的瞬时值和最大值？什么是交流电的周期、频率和角频率？

2-3　什么是正弦交流电的三要素？

2-4　“超前”“滞后”和“同相”是什么意思？

2-5　什么是交流电的有效值？正弦交流电的有效值和最大值的关系如何？

2-6　日常灯泡上的额定电压 220 V 时，实际上它承受的最大电压是多少？

2-7　已知正弦交流电压 $u = 220\sqrt{2}\sin(314t + 60°)\text{V}$，求最大值、有效值、角频率、相位、初相位并画出波形图。

2-8　已知 Z_1=12+j9，Z_2=12+j16，求 $Z_1 \cdot Z_2$ 和 Z_1/Z_2。

2-9　用极坐标形式表示下列正弦量的相量式。

（1）$u(t) = -220\sqrt{2}\sin(\omega t + 60°)$　　（2）$u(t) = 311\cos\omega t$

（3）$u(t) = 14.14\sin(\omega t - 45°)$　　（4）$u(t) = 10\sqrt{2}\sin(\omega t + 30°)$

2-10　写出它们所对应的正弦量（设各量的角频率均为 ω）。

（1）$\dot{I} = (2\sqrt{3} + \text{j}2)\ \text{A}$　　（2）$\dot{I} = (-4 - \text{j}3)\ \text{A}$

（3）$\dot{U} = 220\ \text{V}$　　（4）$\dot{U} = -\text{j}380\ \text{V}$

2-11　已知正弦电压 $u_1 = 30\sqrt{2}\sin(\omega t + 30°)\text{V}$、$u_2 = 40\sqrt{2}\sin(\omega t - 60°)\text{V}$，求 $u_1 + u_2$，$u_1 - u_2$。

2-12　已知 $u_1 = 220\sqrt{2}\sin(\omega t + 60°)\text{V}$，$u_2 = 220\sqrt{2}\cos(\omega t + 30°)\text{V}$，试作 u_1 和 u_2 的相量图，并求：$u_1 + u_2$，$u_1 - u_2$。

2-13　在纯电阻电路中，电阻为 5 Ω，接在 $u = 311\sin 314t$ V 电源上，求电流 i、I 和有功功率 P。

2-14　在纯电感电路中，L=0.626 H，端电压有效 U=220 V，f=50 Hz，求：（1）电感中的电流 I_m、I；（2）无功功率 Q_L。

2-15　在纯电容电路中 C=50 μF，流过电容的电流 $i = 5.5\sqrt{2}\sin(314t - 30°)$ A，求：（1）电容的端电压 u、U；（2）无功功率 Q_C。

2-16 在 RL 串联电路中，电源电压有效值为 $U = 10\sqrt{2}$ V，电阻电压 $U_R = 10$ V。求电感电压及电源电压与电流的相位差。

2-17　电路如图 2-46 所示，Z、φ 各为多少？

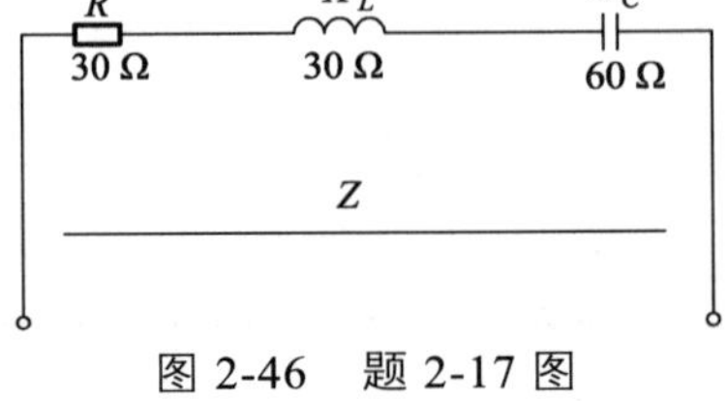

图 2-46　题 2-17 图

2-18　图 2-47 所示电路中，U_1=4 V，U_2=6 V，U_3=3 V，则 U 为多少？

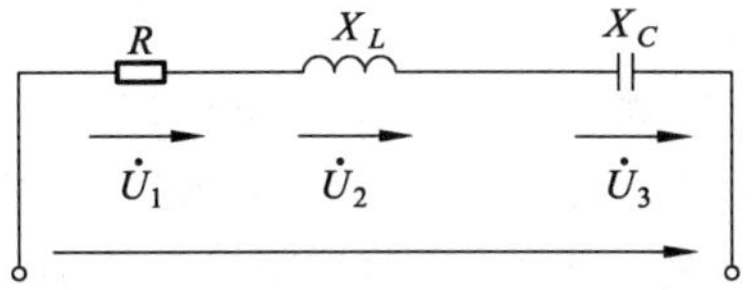

图 2-47　题 2-18 图

2-19　在 RLC 串联电路中，已知 $R=30\,\Omega$，$L=255\,\text{mH}$，$C=79.6\,\mu\text{F}$，$f=50\,\text{Hz}$，电源电压有效值为 220 V、初相角为 60°。试求：（1）电路的阻抗 Z；（2）电流 $\dot{I}$ 和电压 $\dot{U}_R$，$\dot{U}_C$ 及 $\dot{U}$。

2-20　在 RLC 串联电路中，已知 R=10 Ω，$X_L=15\,\Omega$，$X_C=5\,\Omega$，其中电流 $\dot{I}=2\angle30°\text{A}$，试求：（1）电路总电压 u、电感电压 u_L、电容电压 u_C 和电阻电压 u_R；（2）功率因数 $\cos\varphi$；（3）电路的功率 P，Q，S。

2-21　如图 2-48 所示为一日光等装置等效电路，$u=100\sqrt{2}\sin(\omega t-30°)\,\text{V}$，$R=4\,\Omega$，$X_L=5\Omega$，$X_C=15\,\Omega$，试求电流 $\dot{I}_1$、$\dot{I}_2$ 和 $\dot{I}$ 并绘相量图。

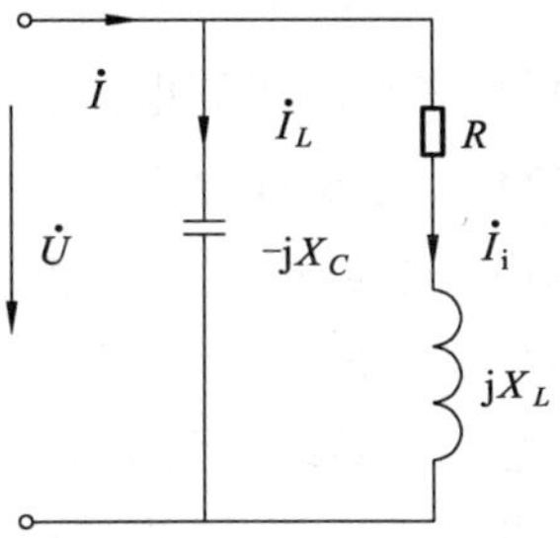

图 2-48　题 2-21 图

2-22　某交流接触器线圈的等效参数为 $R=200\,\Omega$、$L=10\,\text{H}$ 串联，接在电源电压为 $u=220\sqrt{2}\sin314t$ 上。求流过线圈中的电流。如果将此接触器接在直流电源为 220 V 上，将会出现什么后果（设线圈的额定电流为 80 mA）？

2-23　已知 40 W 的日光灯电路，在 U=220 V 正弦交流电压下正常发光，此时电流值 I=0.36 A，求该日光灯的功率因数和无功功率 Q。

2-24　在 RLC 并联电路中，已知电阻 $R=10\,\Omega$、电感 $L=31.85\,\text{mH}$、电容 $C=159.2\,\mu\text{F}$，电路总电流 $\dot{I}=10\angle15°\,\text{A}$，频率为 50 Hz。求：（1）电路的等效阻抗；（2）电源电压 u；（3）流过各元件的电流 i_R、i_L、i_C；（4）有功功率 P、无功功率 Q 和视在功率 S。

2-25　含 R、L 的线圈与电容 C 串联，已知线圈电压 U_{RL}=50 V，电容电压 U_C=30 V。总电压与电流同相，试问总电压是多大？

2-26　一台三相交流电动机，定子绕组星形连接于 U_L=380 V 的对称三相电源上，其线电流 I_L=2.2 A，$\cos\varphi$=0.8，试求每相绕组的阻抗 Z。

2-27　三相发电机接成三角形功能点，如果误将 U 相接反，会产生什么后果？

2-27　在三相四线制对称系统中，频率为 50 Hz，$\dot{U}_C = 220\angle(-30°)$ V，按照正序写出 $\dot{U}_A$、$\dot{U}_B$、$\dot{U}_{AB}$、$\dot{U}_{BC}$、$\dot{U}_{CA}$。

2-28　在对称三相交流系统中 $u_A = 380\sqrt{2}\sin 314t$ V，对称三相负载每相阻抗为 $Z = 0.8 + j0.6\,\Omega$。求：（1）负载星形连接时的相电流、相电压和线电流，并画相量图；（2）负载三角形连接时的相电流、相电压和线电流，并画相量图。

2-29　已知电路如图 2-49 所示。电源电压 U_L=380 V，每相负载的阻抗为 $R=X_L=X_C=10\,\Omega$。（1）该三相负载能否称为对称负载？为什么？（2）计算中线电流和各相电流，画出相量图。（3）求三相总功率。

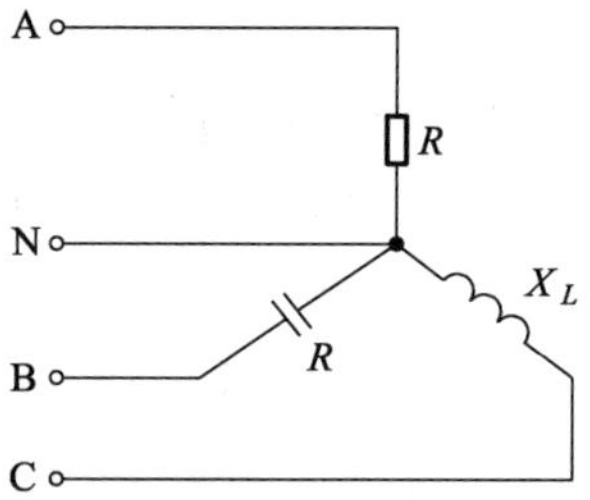

图 2-49　题 2-29 图

2-30　电路如图 2-50 所示的是三相四线制电路，三相负载连接成星形，电阻分别是 $R_A = 5.5\,\Omega$、$R_B = 11\,\Omega$、$R_C = 22\,\Omega$，已知对称三相相电压 $u_b = 220\sqrt{2}\sin(314t - 120°)$ V。试求：（1）负载的各相电压、相电流、线电流和三相总功率；（2）中线断开，A 相又短路时的各相电流和线电流；（3）中线断开，A 相断开时的各线电流和相电流。

2-31　三相对称负载三角形连接，其线电流为 I_L=5.5 A，有功功率为 P=7760 W，功率因数 $\cos\varphi$=0.8，求电源的线电压 U_L、电路的无功功率 Q 和每相阻抗 Z。

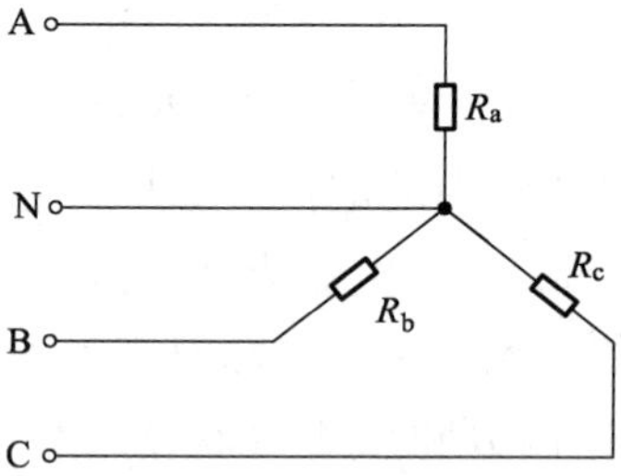

图 2-50　题 2-30 图

2-32　电路如图 2-51 所示，已知 $Z = 12 + j16\,\Omega$，$I_L = 32.9$ A，求 U_L。

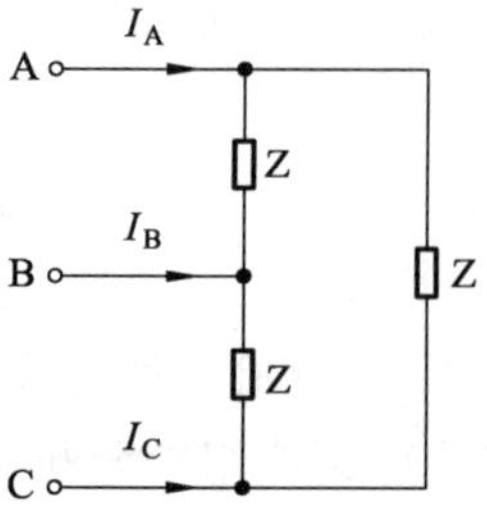

图 2-51　题 2-32 图

2-33　某三相三线制供电线路上接入三组电灯负载，设线电压为 380 V，每组电灯负载的电阻是 200 Ω。求：（1）在正常工作时，电灯负载的电压和电流。（2）如果 B 相短路，其他两相负载的电压和电流。（3）如果 C 断线，其他两相负载的电压和电流。（4）如果是三相四线制系统，重新计算（2）、（3）。

2-34　在线电压为 380 V 的三相电源上，接有两组电阻性对称负载，如图 2-52 所示。试求线路上的总线电流。

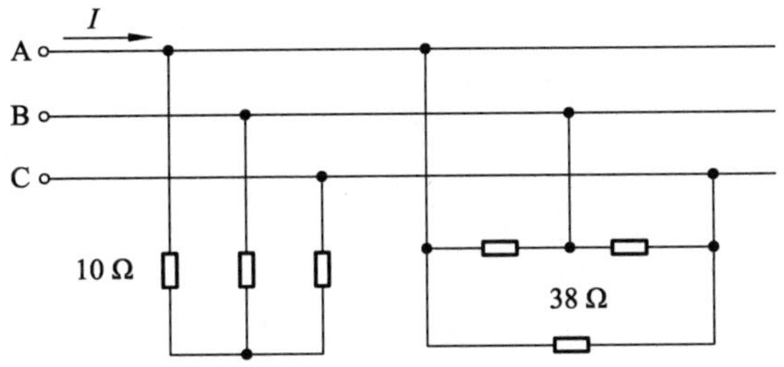

图 2-52　题 2-34 图

2-35　三相对称负载，每相阻抗为 6 + j8 Ω，三相对称电源的线电压为 380 V，试分别计算当三相负载接成星形与三角形时的总功率 P。

2-36　已知三相对称系统中，相电压 U=220 V，三相感性负载为对称负载并作三角形连接，若测得线电流 I_L=17.3 A，三相功率 P=9.12 kW，求每相负载的电阻和感抗。

2-37　三相异步电动机的三个阻抗相同的绕组连接成三角形，接于线电压 U_L=380 V 的对称三相电源上，若每相阻抗 Z=8+j6 Ω，试求此电动机工作时的相电流 I_P、线电流 I_L 和三相电功率 P。

项目三

磁路与变压器分析应用

项目目标

（1）了解直流电流、环形电流以及螺线管电流的磁场，会用右手定则判断磁场方向。

（2）理解磁感应强度、磁通量、磁导率、磁场强度的概念。

（3）了解通电线圈和磁场的相互关系和作用，能判断磁场对电流的作用力的方向。

（4）掌握变压器的工作原理、基本结构。

（5）掌握变压器的基本结构。

（6）了解变压器的运行特性。

（7）能拆装小型变压器，能正确识读变压器名牌参数。

任务一

单相变压器特性的研究

【任务描述】

变压器是利用互感现象来实现从一个线圈所在的电路，向另一个线圈所在的电路传递能量或者传输信号的装置。与电源连接的线圈称为原边绕组，与负载连接的线圈称为副边绕组。变压器具有电压变换、电流变换、阻抗变换和电气隔离等功能，在轨道交通各领域得到广泛应用。

【知识储备】

在很多电工设备（如电机、变压器、电工测量仪表、控制及保护装置以及其他各种铁磁元件）中，不仅有电路的问题，还有磁路的问题。只有同时掌握了电路和磁路的基本理论，才能对各种电工设备做全面的分析。

磁场

一、磁路的基本概念

1. 磁感应强度 B

磁感应强度（B）是表示磁场中某点的磁场强弱和方向的物理量，其单位名称为 T（特斯拉[特]）。磁感应强度是矢量，其大小表示磁场中某点磁场的强度，其方向表示该点的磁场方向。磁感应强度 B 与电流之间的方向关系可用右手螺旋定则来确定，其大小可用下式表示：

$$B = \frac{F}{Il} \tag{3-1}$$

在国际单位制（SI）中，B 单位为 T（特[斯拉]），特[斯拉]也就是韦[伯]每平方米（$\mathrm{Wb/m^2}$）。一般永久磁铁的 B 为 0.2 ~ 0.7 T，电机和变压器铁芯的 B 约为 0.8 ~ 1.5 T。

2. 磁通 Φ

磁通（Φ）是磁场中垂直穿过某面积的磁感应强度的总和，是个标量。在均匀磁场

中，磁感应强度 B 与垂直于磁场方向的面积 S 的乘积，称为通过该面积的磁通，记为 Φ。即

$$\Phi=BS \tag{3-2}$$

磁通的 SI 单位是 Wb（韦[伯]）。

3. 磁导率 μ

磁导率是用来表示磁场中介质导磁性能的物理量，单位为 H/m（亨[利]每米）。

实验测得，真空的磁导率是个常数，为 $\mu_0=4\pi\times10^{-7}$H/m。其他介质的磁导率一般用与真空磁导率的倍数来表示，记作 μ_r，称为相对磁导率。μ_r 越大，介质的导磁性能越好。

自然界中的物质按磁导率大小可分为磁性材料和非磁性材料两大类。前者的 μ_r 很大（$\mu_r\gg1$），如硅钢片 μ_r=6 000 ~ 8 000 H/m，后者的 μ_r 很小（$\mu_r\approx1$ H/m），如空气 μ_r=1.000 003 H/m，铜 μ_r=0.999 99 H/m。

铁磁性物质广泛应用在变压器、电机、磁电式电工仪表等电工设备中，只要在线圈中通入不大的电流，就可获得足够强的磁场（即产生足够大的磁感应强度）。

4. 磁场强度 H

为分析电流和磁场的依存关系，在通电线圈中产生的磁场中，除了媒介质意外，把其他因素如线圈尺寸、匝数、通入电流大小等对磁场的影响综合成一个物理量，即引入了一个把电和磁定量沟通起来的辅助量，即磁场强度 H。

在载流线圈中，H 这个量只与电流的大小有关，而与线圈中被磁化物质，即与物质的磁导率 μ 无关。但载流线圈中磁感应强度 B 的大小却与线圈中被磁化物质的磁化能力，即物质的磁导率 μ 有关。H 的大小由 B 与 μ 的比值决定，即磁场强度为

$$H=\frac{B}{\mu} \tag{3-3}$$

在 SI 单位制中，H 单位为 A/m（安[培]每米）。

二、磁路及磁路的欧姆定律

在电磁设备中，为了获得强磁场，把线圈绕在铁心上，当线圈通过电流时，铁心中便产生很强的磁场，且磁通几乎全部集中在铁心中。图 3-1 变压器和电机的铁心及磁力线示意图。这种由铁磁材料构成的，能使磁通集中通过的路径称为磁路。

磁路的磁通是电流产生的，产生磁通的电流称为励磁电流，励磁电流通过的线圈称为励磁线圈。由于磁路主要由铁芯构成，所以励磁线圈不必均匀地绕在整个磁路上，而只要集中绕在一段磁路上就可以了。

磁路的磁通可分为主磁通和漏磁通两部分，沿铁心所规定的路径闭合的磁通称为主磁通或工作磁通，是电磁能量传递的媒介。穿出铁心沿空气或其他非铁磁物质而闭合的磁通称为漏磁通。一般情况下，漏磁通很小，如变压器的漏磁通只占主磁通的

0.1% ~ 0.2%，因此在磁路的分析计算中，可以忽略不计，而只考虑主磁通的作用，这样做误差不大，在工程上是允许的。

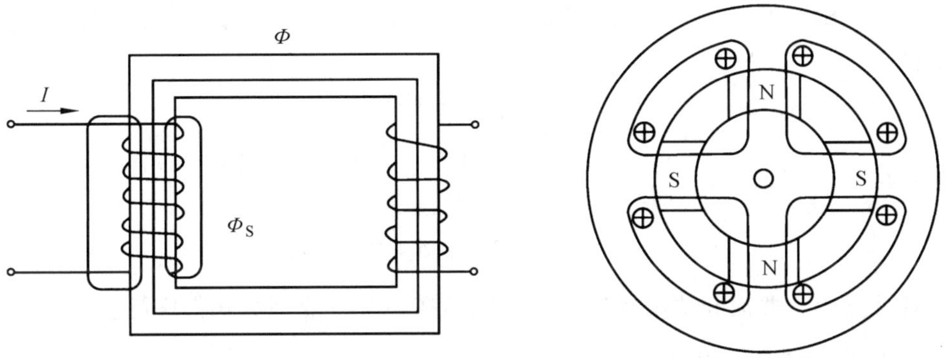

（a）变压器　　（b）电机

图 3-1　变压器和电机的磁路

对于一段截面为 S，长度为 l，磁导率为 μ 的磁路，磁通为 Φ，则该段磁路的磁压为

$$U_m = Hl = \frac{B}{\mu} l = \frac{l}{\mu S}\Phi \qquad (3\text{-}4)$$

令式中 $R_m = \frac{1}{\mu S}$，称为该磁路的磁阻，单位是 H^{-1}（每亨）。

这样，式 3-4 可写为

$$U_m = R_m \Phi \qquad (3\text{-}5)$$

式（3-5）与电路的欧姆定律很相似，故称为磁路的欧姆定律。

由于铁磁物质的磁导率 μ 不是常数，它随励磁电流大小而变化，所以铁磁物质的磁阻是非线性的。

磁路与电路的物理量及基本定律在形式上有相似之处，但实质上是不同的。电路中的电流是带电质点的运动，而磁通并不是质点的运动。电流通过电路有功率损耗，恒定磁通通过磁路不产生功率损耗。电路中有电动势但不一定有电流，磁路中有磁通势则必有磁通。电路中无电动势必无电流，但磁路中无磁通势仍可能有磁通，例如剩磁。表 3-1 列出了电路与磁路对应的物理量及其关系式。

表 3-1　磁路和电路中对应的物理量及其关系式

电　路		磁　路	
电流	I	磁通	Φ
电阻	$R = \rho \frac{l}{S}$	磁阻	$R_m = \frac{l}{\mu S}$
电阻率	ρ	磁导率	μ
电动势	E	磁动势	$E_m = IN$
电路欧姆定律	$I = \frac{E}{R}$	磁路欧姆定律	$\Phi = \frac{E_m}{R_m}$

三、变压器

变压器是根据电磁感应原理制成的一种电气设备，它的符号如图 3-2 所示，T 是它的文字符号。

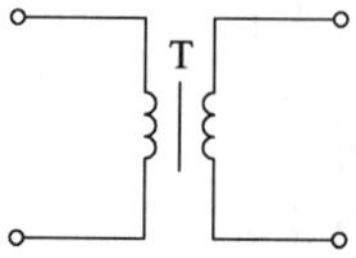

图 3-2　变压器的符号

它具有变压、变流和变阻抗的作用，因而在各个专业领域获得广泛应用。

1. 变压器的用途和种类

在供电系统中，变压器是一种重要的电气设备。交流电的输电配电是离不开变压器的（见图 3-3）。在电力拖动、自动控制、无线电设备中，变压器作为能量或信号的传递的元件广泛得到应用，在国民经济的其他部门，也大量使用变压器。

变压器在铁路信号设备中得到广泛应用，如信号变压器、轨道变压器、道岔表示变压器、扼流变压器、防雷变压器等。变压器具有隔离、变压、调压、测量等作用。

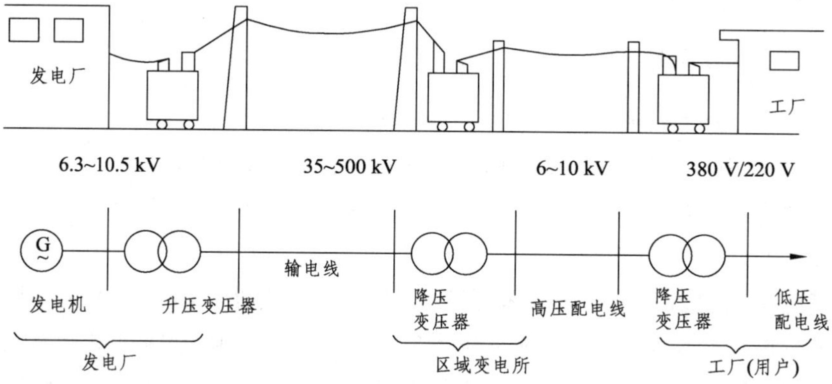

图 3-3　输配电系统示意图

在电子线路中，变压器可以使负载获得适当电压等级的电源，还可用来传递信号和实现阻抗匹配。

变压器的种类很多，按交流电的相数不同，分为单相变压器和三相变压器；按用途分为输配电用的电力变压器，调节电压用的自耦变压器，测量电路用的仪用互感器以及电子设备中常用的电源变压器、耦合变压器、脉冲变压器等。

单相变压器的结构

2. 变压器的基本结构

变压器主要由铁心和线圈两部分构成。

铁心是变压器的磁路部分，又是机械骨架。是用磁导率较高且相互绝缘的硅钢片制成的，以便减少涡流和磁滞损耗。按其构造形式可分为芯式和壳式两种，如图 3-4（a）、图 3-4（b）所示。

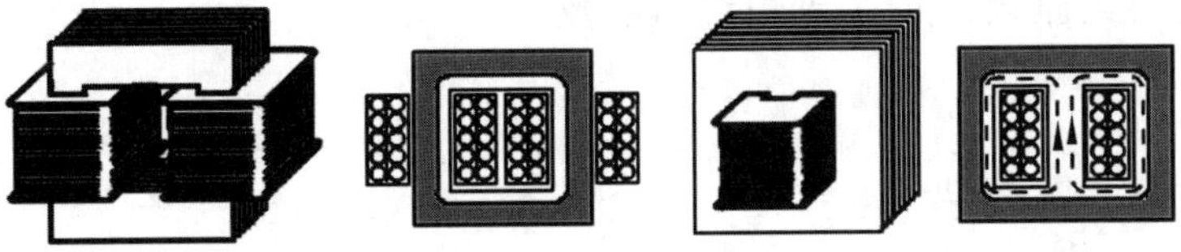

（a）芯式　　（b）壳式

图 3-4　芯式和壳式变压器（数字资源）

芯式变压器的铁轭靠着绕组的顶面和底面，而不包围绕组的侧面，其结构比较简单，绕组的装配和绝缘也较容易。绝大多数是变压器采用心式结构。

壳式变压器的铁轭不仅包围绕组的侧面。其制造工艺复杂，费材料。除小型电源变压器外，很少采用。

铁心的叠装方式有对装式和叠装式两种。

对装式铁心是将芯柱和铁轭分别由硅钢片叠成以后再对装起来。这种方式装配铁芯和安装绕组都很方便，但气隙过大。

广泛采用的是叠装式。将各层硅钢片交错放置，以减小芯柱和铁轭间磁路的磁阻。叠成后用穿通螺杆将铁芯夹紧，螺杆与硅钢片之间用纸绝缘。

线圈是变压器的电路部分，是用漆色线、沙包线或丝包线绕成。其中和电源相连的线圈叫原线圈（初级绕组），和负载相连的线圈叫副线圈（次级绕组）。

其他还有油箱、油、油枕、散热器、保护设备等。

3. 变压器的工作原理

变压器是按电磁感应原理工作的，原线圈接在交流电源上，在铁芯中产生交变磁通，从而在原、副线圈产生感应电动势，如图 3-5 所示。

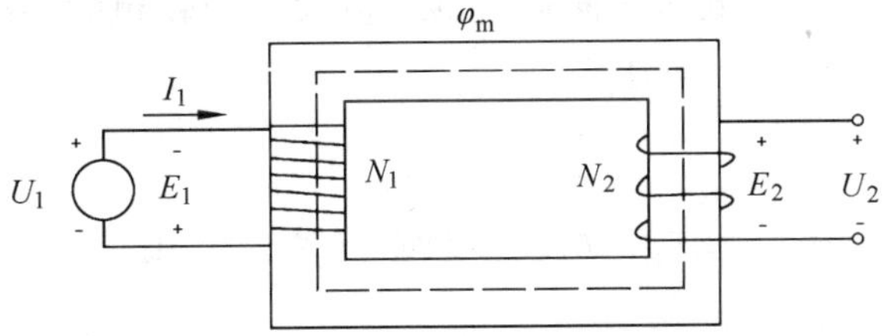

图 3-5　变压器空载运行原理图

4. 变换交流电压

在交流电源电压 U_1 作用下，原边绕组有一较小电流 I_1，此电流称为空载电流或励磁电流。在 I_1 的作用下，铁心中产生一交变主磁通 Φ，Φ 穿过原、副边绕组，分别产生感应电动势 E_1、E_2。感应电动势为

$$E_1=\frac{N_1\Delta\Phi}{\Delta t}, \qquad E_2=\frac{N_2\Delta\Phi}{\Delta t}$$

其中 N_1 为原边绕组匝数，N_2 为副边绕组匝数。

由此得

$$\frac{E_1}{E_2}=\frac{N_1}{N_2}$$

忽略线圈内阻得

$$\frac{U_1}{U_2}=\frac{N_1}{N_2}=K \tag{3-6}$$

式（3-6）中 K 称为变压比。由此可见：变压器原副线圈的端电压之比等于匝数比。

如果 $N_1<N_2$，$K<1$，电压上升，称为升压变压器。

如果 $N_1>N_2$，$K>1$，电压下降，称为降压变压器。

5. 变换交流电流

根据能量守恒定律，变压器输出功率与从电网中获得功率相等，即 $P_1=P_2$，由交流电功率的公式可得

$$U_1I_1\cos\varphi_1=U_2I_2\cos\varphi_2$$

式中，$\cos\varphi_1$ 为原线圈电路的功率因数；$\cos\varphi_2$ 为副线圈电路的功率因数。φ_1，φ_2 相差很小，可认为相等，因此得到

$$U_1I_1=U_2I_2$$

$$\frac{I_1}{I_2}=\frac{N_2}{N_1}=\frac{1}{K} \tag{3-7}$$

可见，变压器工作时原、副线圈的电流跟线圈的匝数成反比。高压线圈通过的电流小，用较细的导线绕制；低压线圈通过的电流大，用较粗的导线绕制。这是在外观上区别变压器高、低压绕组的方法。

6. 变换交流阻抗

设变压器初级输入阻抗为$|Z_1|$，次级负载阻抗为$|Z_2|$，则

$$|Z_1|=\frac{U_1}{I_1}$$

将$U_1=\frac{N_1}{N_2}U_2$，$I_1=\frac{N_2}{N_1}I_2$代入，得

$$|Z_1|=\left(\frac{N_1}{N_2}\right)^2\frac{U_2}{I_2}$$

因为 $$\frac{U_2}{I_2}=|Z_2|$$

所以 $$|Z_1|=\left(\frac{N_1}{N_2}\right)^2|Z_2|=K^2|Z_2| \qquad (3\text{-}8)$$

可见，次级接上负载$|Z_2|$时，相当于电源接上阻抗为 $K^2|Z_2|$的负载。变压器的这种阻抗变换特性，在电子线路中常用来实现阻抗匹配和信号源内阻相等，使负载上获得最大功率。

例 3-1 有一电压比为 220/110 V 的降压变压器，如果次级接上 55 Ω的电阻，求变压器初级的输入阻抗。

解： $$|Z_1|=K^2|Z_2|\left(\frac{U_1}{U_2}\right)^2|Z_2|=\left(\frac{220}{110}\right)^2\times 55=220\ (\Omega)$$

四、变压器的主要参数

额定值是制造厂家根据设计或试验数据，对变压器正常运行状态所作的规定值。这些额定值都写在每台变压器的铭牌上。

1. 额定容量（S_N）

额定容量是指变压器在铭牌规定的条件下，以额定电压、电流连续运行时所输送的单相或三相总视在功率。变压器的额定容量，是以二次绕组的额定电压和额定电流的乘积所决定的视在功率来表示的，它的单位为 V · A、kV · A 或 MV · A。

（1）单相双绕组变压器：

$$S_N=U_{2N}I_{2N} \qquad (4\text{-}9)$$

（2）三相双绕组变压器：

$$S_N=\sqrt{3}U_{2N}I_{2N} \qquad (4\text{-}10)$$

2. 额定电压（U_N）

额定电压是指变压器长时间运行时，设计条件所规定的电压值（线电压）。

变压器一次侧的额定电压是指规定的加到一次侧的线电压，变压器二次侧的额定电压是指变压器空载，而一次侧加上额定电压时，二次侧的端电压（线电压）。

3. 额定电流（I_N）

额定电流是指变压器在额定容量、额定电压下运行时通过的线电流。三相变压器一次侧和二次侧的额定电流，等于变压器的额定容量或该侧的额定容量除以 $\sqrt{3}$ 倍的该侧额定电压，所得的电流值就是相应的额定电流。

【任务实施】

一、器材、元件

单相变压器 1 个，可调交流电源（0 ~ 24 V），可变电阻箱，交流电压表（2 只）、交流电流表（2 只）、交流功率表、功率因数表、万用表。

二、电路工作原理

电路工作原理如图 3-6 所示。

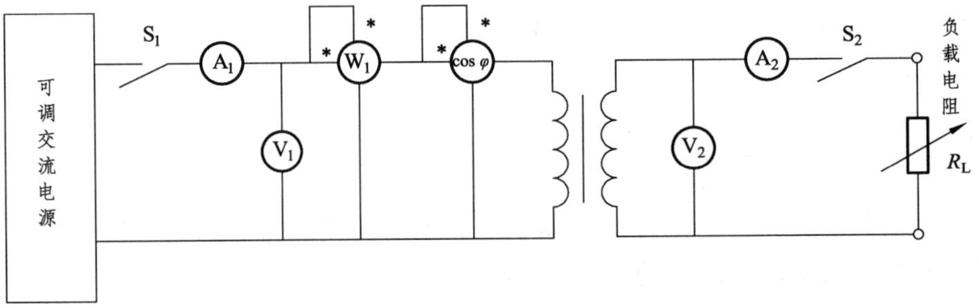

图 3-6　电路工作原理

三、实施步骤

（1）按图 3-6 接线。（注意功率表及功率因数表的*端接线）

（2）调节可调交流电源，使输出电压为交流 24 V（因变压器为 5 V·A、24 V/12 V，二次侧额定电流 I_{2N}=400 mA）。

（3）断开 S_2、合上 S_1，读取电表读数，记录于表 3-2 中。

表 3-2　电表读数

一次侧电压 U_1/V	二次侧电压 U_2/V	一次侧电流 I_1/mA	一次侧功率 P_2/W	一次侧功率因数 $\cos\varphi$

（4）改变一次侧电压 U_1，读取一次侧电流 I_{10}，记录在表 3-3 中。

表 3-3　侧电流 I_{10} 记录

一次侧电压 U_1/V	6	10	14	18	20	24	28
励磁电流 I_{10}/mA							

（5）将可调交流电源调至 24 V，并保持不变，将电阻箱调至阻值为最大，合上 S_1 及 S_2，改变负载电阻 R_L，使 I_2 由小到大，达到 120%I_{2N}。记录下各电表读数，并记录在表 3-4 中。

表 3-4　各电表读数

二次侧电流 I_2/mA	0	50	100	150	200	300	400	450
一次侧电流 I_1/mA								
二次侧电压 U_2/V								
一次侧功率因数 $\cos\varphi$								
一次侧功率 P_1/W								
二次侧功率 $P_2=U_2 \cdot I_2$/W								
$\eta=P_2/P_1\times 100\%$								

注意事项：

（1）功率表与功率表接线时，请注意将带*号接在“电源侧”。

（2）实验时，首先要将调压器置于零位，将变阻器 R_L 置于最大阻值。

（3）增加负载（电流）时，需注意电流不能过载（电流最多不超过 120%IN）。

【任务小结】

（1）写出变压器空载时的特征参数（I_{10}、P_{10} 及 $\cos\varphi$），并求出 $I_{10}/I_{1N}\times 100\%$数值，分析此变压器空载性能特点。

（2）由表 3-3 所列数据，以励磁电流 I_{10} 为横轴，一次侧电压 U_1 为纵轴，画出 $U_1=f$（I_{10}）曲线（近似磁化曲线）。

（3）以表 3-4 所列实验数据，以二次侧电流（I_2）为横轴，以二次侧电压（U_2）为纵轴，画出变压器的外特性 $U_2=f(I_2)$曲线，并求出电压调整率。

$$\Delta U\% = \frac{U_{20} - U_{2N}}{U_{20}} \times 100\%$$

（4）由表 3-4 所列实验数据，画出变压器运行特性曲线：$I_1=f(I_2)$，$P=f(I_2)\cos\varphi_1=f(I_2)$和 $\eta=f(I_2)$，等等。请从外特性和运行特性分析单相变压器的运行特点。

任务二

轨道变压器的参数测试

【任务描述】

在轨道交通信号设备中大量使用各种类型的变压器，例如在信号机点灯电路中使用点灯变压器，将 AC 220 V 变为 12 V 电压为信号灯泡供电，在轨道电路中，我们使用轨道变压器、中继变压器、扼流变压器等各种类型变压器以完成相应的功能。

【知识储备】

一、三相电力变压器

在电力系统中，用于变换三相交流电压的变压器称为三相电力变压器。三相变压器的磁路是由铁轭把三个芯柱连载一起而组成的，各相磁力互相依存，都以另外两项作为各自回路。三相变压器原边和副边可用不同的方法连接，形成多种连接组别，不同的连接组别使原、副边相对应的线电压之间有不同的相位差。三相变压器的相电势波形与绕组接法、磁路系统有密切关系，相电势的畸变与变压器的磁路系统及磁路饱和程度有关。其外形与结构如图 3-7 所示。三相变压器有三个原绕组和三个副绕组，其铁芯有三个心柱，每相的原、副绕组同芯地装在一个芯柱上。原绕组首端用 U_1、V_1、W_1 标明，末端用 U_2、V_2、W_2 标明；副绕组的首端用 u_1、v_1、w_1 标明，末端用 u_2、v_2、w_2 标明，如图 3-7（b）所示。由于三相原绕组所加的电压是对称的，因此磁通也是对称的，副边电压也是对称的。另外，为了散去变压器运行时由于自身损耗所产生的热量，铁芯和绕组通常浸在盛有变压器油的油箱中，通过油管将热量散发出来。

三相变压器的原、副绕组可以分别接成星形（Y）或三角形（△）。工厂供电用电力变压器三相绕组常用的连接方式有 Y，Yn（即 Y/Y0）和 Y，d（即 Y/△）两种，如图 3-8 所示。Y，Yn 表示原边为星形，副边为有中线引出的星形连接方法。这种接法常用于车间配电变压器，其优点在于不仅给用户提供三相电源，同时还提供单相电源。

通常使用的动力与照明混合供电的三相四线制系统就是用 Y，Yn 连接方式的变压器供电的。Y，d 连接的变压器原边接成星形，副边接成三角形，主要用在变电站的升压或降压变压器上。

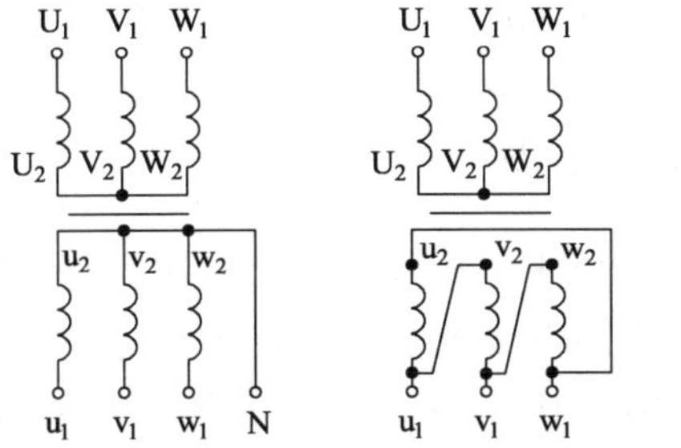

（a）外形　（b）结构示意图

图 3-7　三相电力变压器

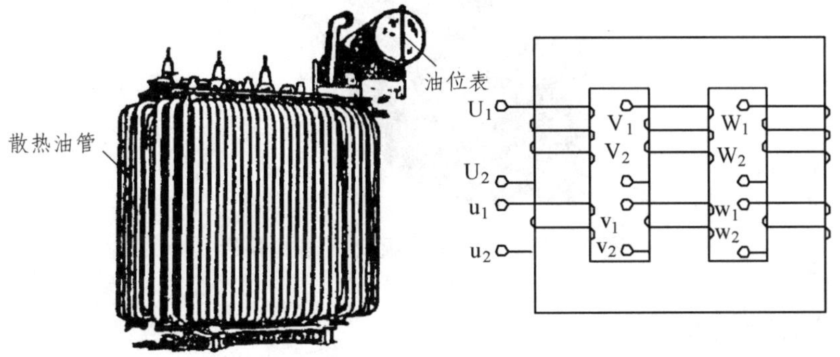

（a）Y,Yn 连接　（b）Y,d 连接

图 3-8　三相变压器的两种接法

二、自耦变压器

自耦变压器的外形与结构如图 3-9 所示。

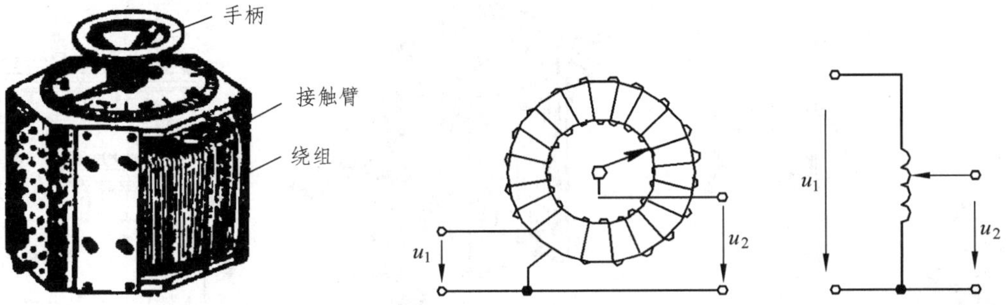

（a）外形　（b）示意图　（c）图形符号

图 3-9　自耦调压器

前面介绍的双绕组变压器的原、副绕组是相互绝缘的，它们之间只有磁的耦合而无电的直接关系。如果把两个绕组合二为一，使低压绕组成为高压绕组的一部分，这样，原、副绕组不仅有磁的耦合，而且还有电的直接联系。

自耦变压器的工作原理与普通双绕组变压器基本相同。

四、小功率电源变压器

小功率电源变压器容量和体积一般都很小，用于给各种仪器设备提供所需的电源电压。为了满足不同部件不同电压的需要，这种变压器通常有多个副绕组，可以从副边得到多个不同的电压。图 3-10 所示为具有三个副绕组的小功率电源变压器。

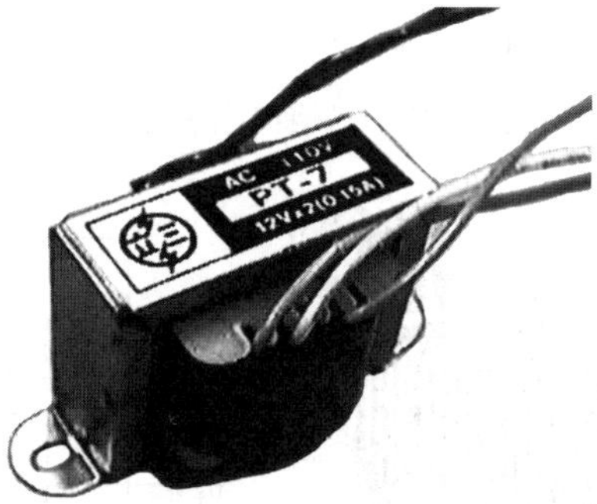

图 3-10　小功率电源变压器的外形

五、仪用互感器

仪用互感器是在交流电路中专供电工测量和自动保护装置使用的变压器，它可以扩大测量装置的量程，使测量装置与高压电路隔离以保证安全，为高压电路的控制和保护设备提供所需的低电压、小电流，并可以使其后连接的测量仪表或其他测量电路结构简化。仪用互感器按用途不同可分为电压互感器和电流互感器两种，如图 3-11 和 3-12 所示。

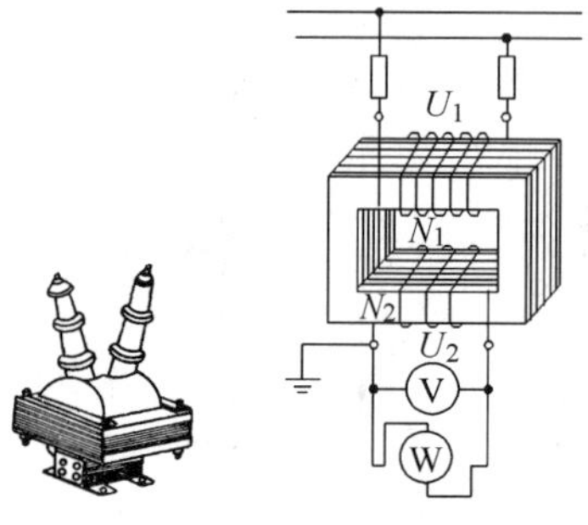

（a）外形　（b）结构原理图

图 3-11　电压互感器

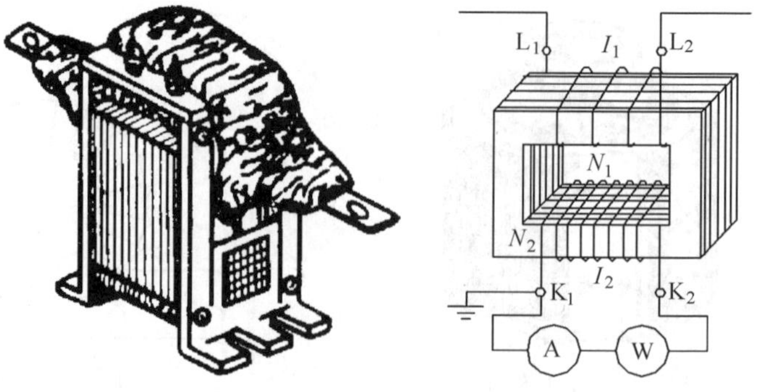

（a）外形　（b）结构原理图

图 3-12　电流互感器

此外还有专用变压器，如电焊用的电焊变压器、冶炼用的电炉变压器、电解用的整流变压器等。

【任务实施】

一、器材、元件

BG_1-50 轨道变压器、220 V 交流电源、2.2 Ω/220 W 电阻器、BZ_4 中继变压器、JZXC-480 轨道继电器、万用表、滑动变阻器 R_1、滑动变阻器 R_2。

二、电路工作原理

轨道电路原理如图 3-13 所示。

轨道电路

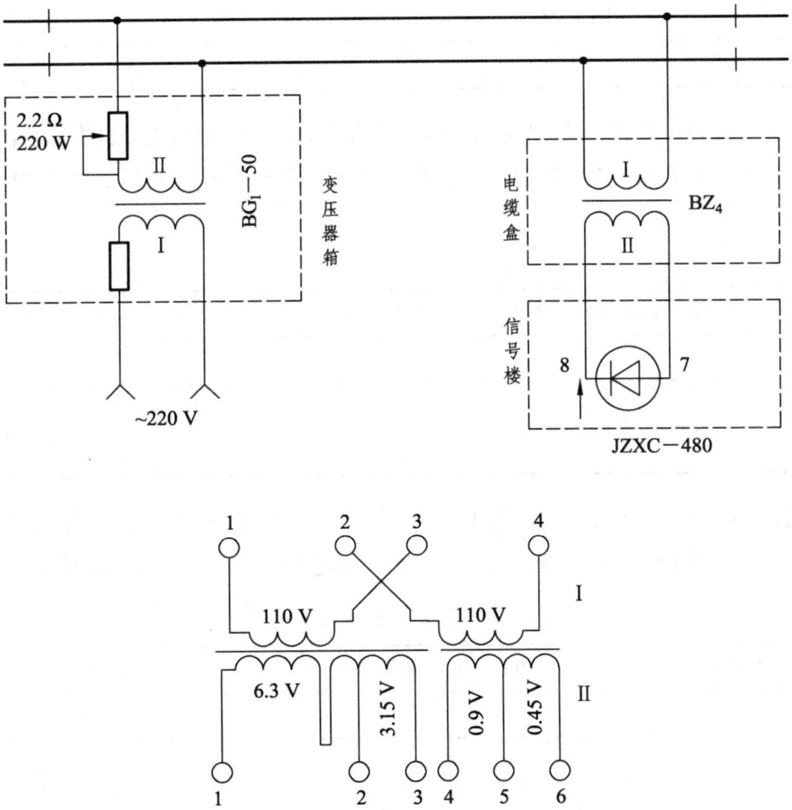

图 3-13 轨道电路原理

轨道变压器端子示意图如图 3-14 所示。

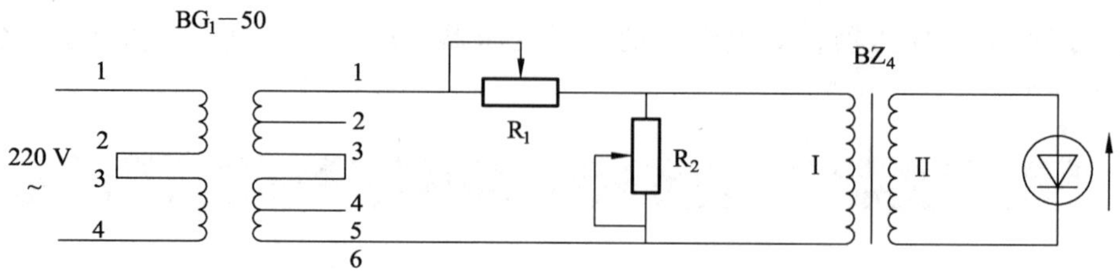

图 3-14　轨道变压器端子示意图

三、实施步骤

（1）按照老师的指导，根据电路原理图接好电路，其中 BG_1-50 变压器二次侧 3、4 端相连，使二次侧输出电压最大，调节滑动变阻器 R_2 至阻值最大，调节 R_1 阻值使继电器可靠吸起，此时分别测量 BG_1-50 变压器二次侧、R_2 两端和 BZ_4 变压器二次侧电压，并填入表 3-5 中。

表 3-5　电压测量值

	BG_1-50 二次侧	R_2	BZ_4 二次侧
电压			

（2）调节 BG_1-50 变压器二次侧不同端子组合，再调节 R_1 阻值使继电器可靠吸起，分别测量 BG_1-50 变压器二次侧、R_2 两端和 BZ_4 变压器二次侧电压，并把电压测量结果填入表 3-6 中。

表 3-6　电压值

BG_1-50 二次侧连接端子	BG_1-50 二次侧测量端子	BG_1-50 二次侧电压	R_2 两端电压	BZ_4 二次侧电压

（3）根据 BG_1-50 变压器二次侧不同端子组合，调节 R_1 到最大阻值，调节 R_2，使继电器可靠落下，此时再测量 BZ_4 变压器二次侧电压，并填入表 3-7 中。

表 3-7　电压值

BG_1-50 二次侧连接端子	BG_1-50 二次侧测量端子	BG_1-50 二次侧电压

注意事项：

（1）在实训前，初步了解信号用继电器吸起和落下的概念。

（2）在实训过程中，调节变压器接线端子的操作需断电进行，不得带电操作。

（3）在实训过程中，调节 R_1、R_2 的过程应逐步调整，不得暴力操作。

【任务小结】

若 R_1 固定不变，分析 BG_1-50 的二次侧电压在 R_2 变化过程中的变化。

项目检测

3-1　若电源电压低于变压器的额定电压，输出功率应如何适当调整？若负载不变会引起什么后果？

3-2　变压器能否改变直流电压？为什么？

3-3　有一单相照明变压器，容量为 10 kV · A，电压 3300/220 V。今欲在副绕组接上 60 W、220 V 的白炽灯，如果要变压器在额定情况下运行，这种白炽灯可接多少个？并求原、副绕组的额定电流。

3-4　将 R_L=8 Ω 的扬声器接在输出变压器的副绕组，已知 N_1=300，N_2=100，信号源电动势 E=6 V，内阻 R_{S1}=100 Ω，试求信号源输出的功率。

3-5　在图 3-1 中，输出变压器的副绕组有中间抽头，以便接 8 Ω 或 3.5 Ω 的扬声器，两者都能达到阻抗匹配。试求副绕组两部分的匝数之比 。

3-6　图 3-15 所示是一电源变压器，原绕组有 550 匝，接在 220 V 电压。副绕组有两个：一个电压 36 V，负载 36 W；一个电压 12 V，负载 24 W。两个都是纯电阻负载时。求原边电流 I_1 和两个副绕组的匝数。

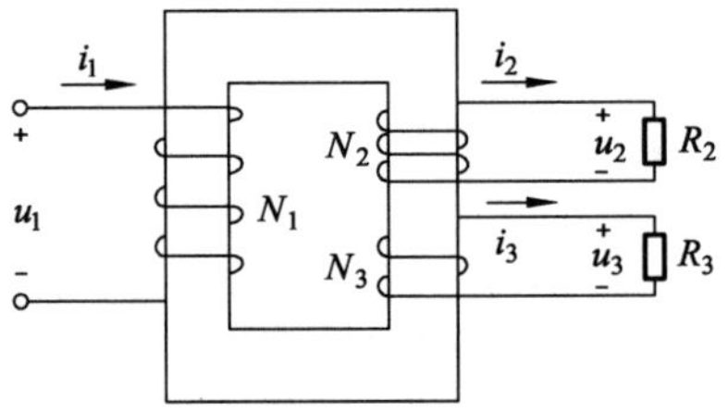

图 3-15　题 3-6 图

3-7　一台容量为 20 kVA 的照明变压器，它的电压为 6600 V/220 V，问它能够正常供应 220 V、40 W 的白炽灯多少盏？能供给 $\cos\varphi = 0.6$、电压为 220 V、功率 40 W 的日光灯多少盏？

项目四

电动机及其控制电路的认识和应用

项目目标

（1）了解三相异步电动机的结构及铭牌数据的意义。
（2）学习异步电动机的一般检验方法。
（3）学习异步电动机的接线方法，直接启动及反转的操作。

任务

三相异步电动机正反转控制

【任务描述】

异步电动机是把交流电能转变为机械能的一种动力机械。它结构简单，制造、使用和维护简便，成本低廉，运行可靠，有较高运行效率和较好的工作特性，从空载到满载范围内接近恒速运行，能满足大多数工农业生产机械的传动要求，因此在工农业生产及日常生活中得以广泛应用。在各种电气传动系统中，有 90%左右采用异步电动机驱动，在电力网总负载中，异步电动机要占 60%左右。三相异步电动机被广泛用来驱动各种金属切割机床、起重机、中小型鼓风机、水泵及纺织机械等。单相异步电动机由于容量小、性能较差，常用于日常生活中的小家电及小功率电动工具。同步电机是一种恒速电动机主要用于拖动大功率恒速机械，如空气压缩机、球磨机、鼓风机等。这里我们只介绍应用广泛的三相异步电动机。

【知识储备】

一、三相异步电动机的基本结构

三相异步电动机主要是由定子和转子两大部分组成的，这两部分之间由气隙隔开。三相异步电动机按转子结构的不同可分为鼠笼型和绕线式异步电动机。三相异步电动机是由定子、转子和气隙三部分组成。图 4-1 三相电机的结构。

三相交流电机模型

1. 定子

异步电动机的静止固定部分称为定子。定子由机壳、定子铁心、定子绕组三部分组成。其作用是产生旋转磁场，并与转子构成磁的通路。

（1）机壳。

机壳包含机座和端盖。

机座是电动机的外壳，用以固定和支撑定子铁心及端盖，具有足够的强度和刚度，同时应满足通风散热的需要，一般由铸铁或铸钢制成，在机座的内圆中固定着铁心。

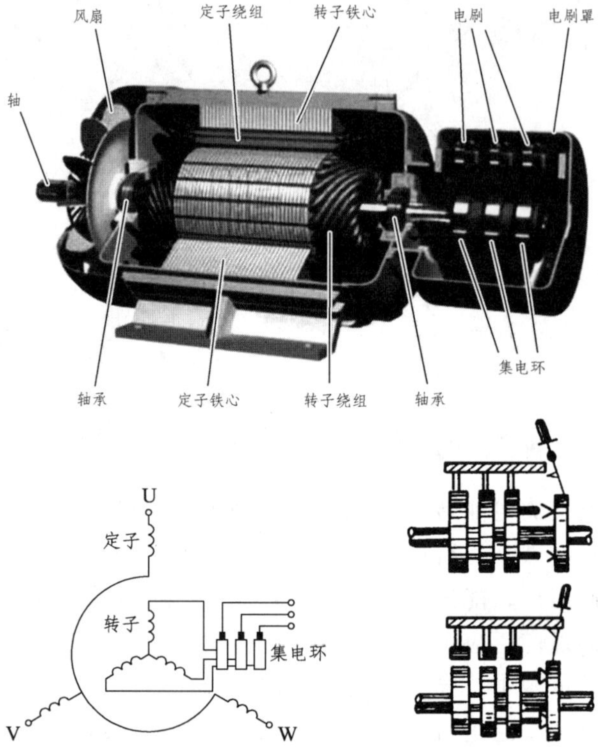

图 4-1　三相电机结构

机座两端装有端盖，端盖一方面对定子绕组端起保护作用，另一方面端盖内装有轴承，支撑转子转动，并用轴承盖加以保护。

（2）定子铁心。

定子铁心是电动机磁路的一部分。为了减少旋转磁场在铁心中所产生的涡流和磁滞损耗，用互相绝缘的 0.35 ~ 0.5 mm 厚的环形硅钢片叠压而成。铁心内圆冲有均匀分布的槽，槽中嵌放着固定的定子绕组。铁心片间的绝缘是为了减少涡流损失。定子绕组是电动机的电路部分。三相异步电动机有三个独立的绕组，每个绕组包含着若干个线圈，每个线圈又有许多匝，均匀地嵌放在铁心槽中。三相绕组的六个端头引出固定在机座的接线盒中，并按照接线盒中的标志接线，可接成星形或三角形接线。

2. 转子

转子由转轴、转子铁心和转子绕组三部分组成。转子的作用是产生电磁转矩。

（1）转子铁心。

转子铁心也是电机磁路的一部分。通常用定子冲片内圆冲下来的原料做转子叠片，即一般用 0.5 mm 厚的硅钢片叠压而成，套装在转轴上，转子铁心叠片外圆有嵌放转子绕组的槽。为了改善电动机的启动即运行性能，笼型异步电动机转子铁心一般采用斜槽结构。

（2）转子绕组。

转子绕组的作用是产生感应电动势和电流，并在旋转磁场的作用下产生电磁力矩而使转子转动。

鼠笼型转子绕组是铸铝的笼条，嵌放在转子铁心槽内，伸出铁心的端头用端环焊接成短路环，如图 4-2 所示。因形似鼠笼，故称为鼠笼型异步电动机。

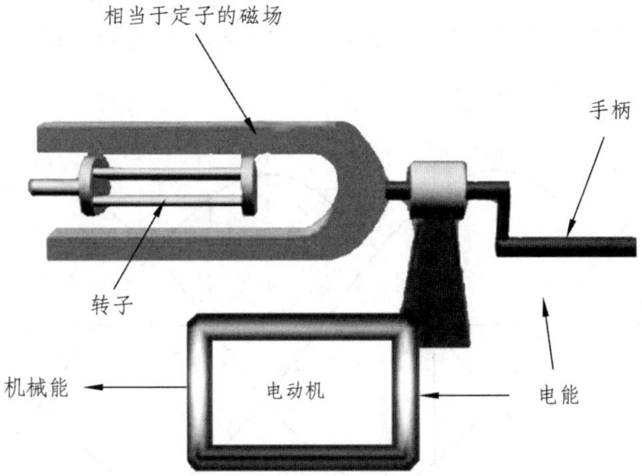

图 4-2　三相鼠笼型异步电动机结构图（数字资源、三维模型）

绕线型转子绕组结构与定子绕组相似，三相线圈对称地嵌放在转子铁心槽内，一般接成星形，末端接在一起，首端分别引至轴上的三个铜制的集电环上，集电环彼此对轴绝缘，通过固定在端盖上的三个电刷引出。

（3）转轴。

转轴一般由中碳钢或合金制成，其作用是支撑转子和传递转矩，因此要求它有一定的机械强度。

二、三相异步电动机的转动原理

三相异步电动机的定子绕组是一个空间位置对称的三相绕组，如果在定子绕组中通入三相对称交流电，就会杂电动机内部建立一个恒速旋转的磁场，称为旋转磁场，该磁场是异步电动机工作的基本条件。

三相交流电机动作原理

（一）旋转磁场的产生

1. 定子的旋转磁场

对称三相电流通入在空间彼此相差 120°的三个相同的线圈时，就能产生旋转磁场。三相异步电动机就是根据这一原理而工作的。设对称三相交流电流为

$$i_U = I_m \sin \omega t$$

$$i_V = I_m \sin(\omega t - 120°)$$

$$i_W = I_m \sin(\omega t + 120°)$$

电流波形图如图 4-3 所示。将对称的三相交流电流分别通入在空间位置上彼此相差 120°，而结构和形状完全相同的三个线圈 U_1U_2、V_1V_2、W_1W_2 中，如图 4-4 所示，该图简化了三相定子绕组。这里规定，各相电流分别从线圈的始端流入，从线圈的末端流出的方向为各相电流的标定方向。

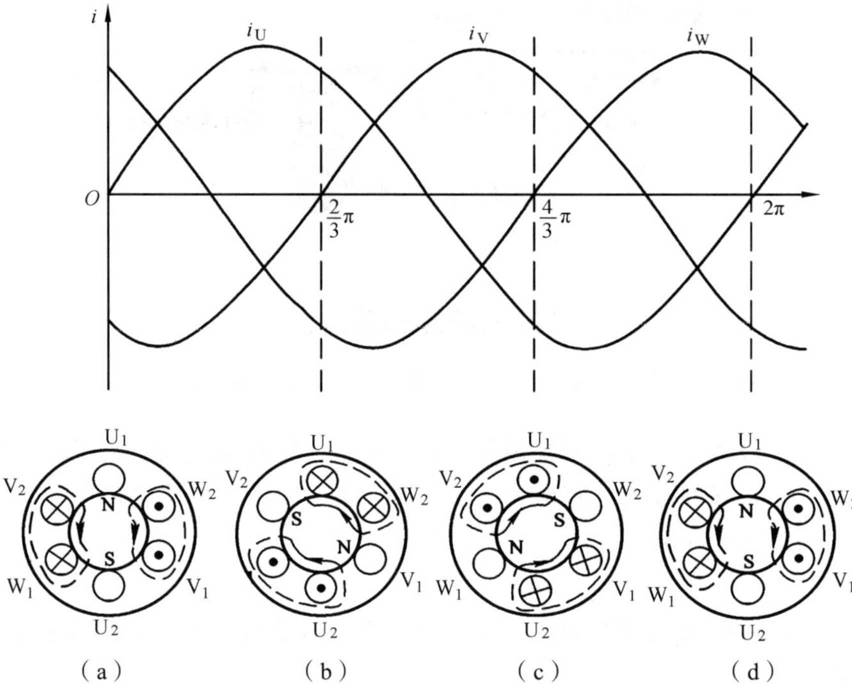

图 4-3　三相绕组通过三相交流电流产生的两极旋转磁场

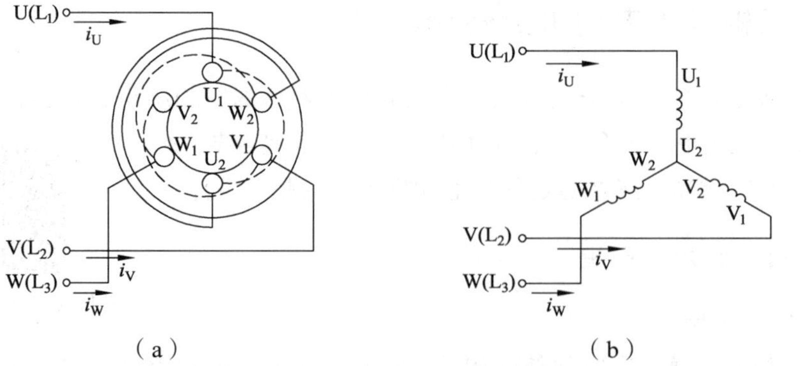

图 4-4　简化的三相绕组分布图和按星形连接的三相绕组接通三相电源

从图 4-3 中的电流波形曲线可以得出，当 $\omega t = 0$ 的瞬间，U 相电流值为零，V 相电流值为负值，W 相电流值为正值，而且 V 相与 W 相此时的值在数值上大小相等。因此，U 相线圈中无电流流过，V 相的电流从 V_2 端流进，V_1 端流出，W 相电流从 W_1 端流进，W_2 端流出。根据右手螺旋法则可以确定三个线圈的合成磁场方向，它们与 U 相的轴线重合指向 $U_1 \to U_2$。

当 $\omega t = 120°$ 的瞬间，U 相电流值为正值，V 相电流值为零，W 相电流值为负值，而且 U 相与 W 相此时的值在数值上大小相等。因此，V 相线圈中无电流流过，U 相的电流从 U_1 端流进，U_2 端流出，W 相电流从 W_2 端流进，W_1 端流出。根据右手螺旋法则可以确定三个线圈的合成磁场方向，它们与 V 相的轴线重合指向 $V_1 \to V_2$。同样可以得到 ωt 为其他值时，三个瞬时的合成磁场方式。

综上所述，当空间彼此相差 120°的三个相同的线圈通入对称三相交流电时，就能够产生与电流变化有相同角速度的旋转磁场。

2. 旋转磁场的转速

根据上面的分析可以得到，异步电动机定子绕组中的三相交流电流所产生的合成磁场是随着电流的变化在空间不断旋转，形成一个具有一对磁极的旋转磁场。三相交流电流变化一个周期，合成磁场在空间旋转一周。设三相交流电流的频率为 f_1，旋转磁场每分钟的转速为 n_1，旋转磁场磁极对数为 p，即

$$n_1 = \frac{60 f_1}{p} \tag{4-11}$$

式中，n_1 为同步转速，单位是转/分（r/min）；f 为定子电流频率，单位是赫兹（Hz）。由此可得，旋转磁场的转速取决于电源的频率和电动机带动磁极对数。

3. 旋转磁场的方向

旋转磁场的旋转方向与三相绕组中的电流相序有关，三相绕组中按顺序通入 U、V、W 三相对称电流，其旋转方向与电流相序有关，当电流的相序若为 $U \to V \to W$，其旋转方向为顺时针方向。如果要改变旋转磁场的方向，即改变电流相序，只需将定子绕组与三相电源连接的导线任意两根位置交换即可。

旋转磁场的旋转方向与三相电源的相序一致。要使旋转磁场反转，只要改变电源的相序，即只要把接到三相绕组始端上的任意两个电源线对调即可。改变异步电动机的转向，就是根据这一原理来实现。

（二）三相异步电动机的转动原理

三相异步电动机的转动原理如图 4-5 所示。三相异步电动机的定子绕组，通入三相对称交流电流，便产生旋转磁场，其转速为同步转速，即 $n_1 = \dfrac{60 f_1}{p}$。

转子有一闭合绕组，由于旋转磁场与转子绕组存在相对运动，旋转磁场切割转子绕组，在转子绕组中便产生感应电动势，即有感应电流流过。转子绕组感应电动势的

方向由右手螺旋定则确定，若略去转子绕组电抗，则感应电势的方向即是感应电流的方向。转子中的感应电流与旋转磁场相互作用，在转子上产生电磁力 F，电磁力的方向用左手螺旋定则判定。电磁力所形成的电磁转矩，驱动转子沿着旋转磁场的方向转动，这就是三相异步电动机的工作原理。

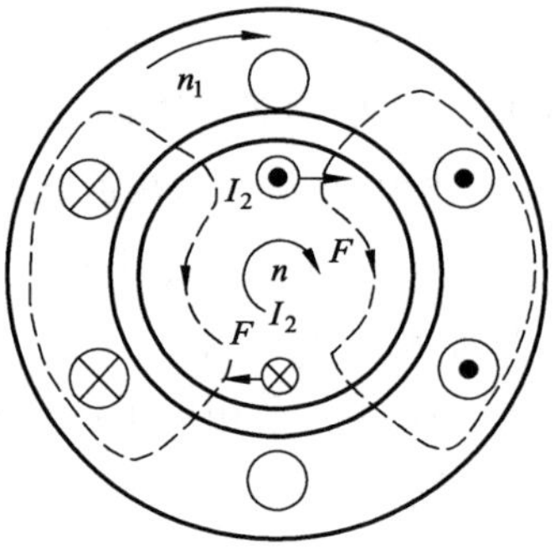

图 4-5　三相异步电动机的转动原理

转子转动的方向与旋转磁场的方向相同，但两者的转速不相同。转子的转速称为转子转速，用 n 表示。n 总是小于 n_1，因为 n 与 n_1 如果相同，转子绕组与旋转磁场就没有相对运动，转子绕组中就不会感应出电势和电流，这样转子不会受到电磁转矩的作用，当然不会继续转动。n 不会大于 n_1，否则电动机将变成发电机运行。由此可见，异步电动机转子的转速 n 总是和同步转速 n_1 存在一定差别，“异步”因而得名。n 和 n_1 的差异是异步电动机产生电磁转矩的必要条件。

转子的转速 n 与同步转速 n_1 的差异引出了转差率的概念，即同步转速 n_1 与转子的转速 n 之差（$\Delta n = n_1 - n$）称为转差；转差与同步转速的比值称为转差率，用 s 表示，即

$$s = \frac{n_1 - n}{n_1} \tag{4-12}$$

转差率 s 是分析异步电动机运行时的一个极其重要的概念和变量。电动机在启动瞬间转子未转动，即 $n=0$，$s=1$；如果转子不带机械负载，而且处于没有空载损耗的理想空载状态，转子将以同步转速旋转，即 $n = n_1$，$s=0$，这种状态在电动机的实际运行中是不存在的。异步电动机的转速范围为 $n = 0 \sim n_1$，相应的转差率的范围为 $s=1 \sim 0$。异步电动机额定运行时的转差率一般为 0.02 ~ 0.06，可见异步电动机的转速很接近旋转磁场的转速。

在实际工作中，电动机要实现正转和反转的可逆运转。由于转子旋转的方向与定子旋转磁场的方向是一致的，而改变电源的电流相序即改变旋转磁场的方向，因此可以达到改变电动机转子转动方向的目的。

例 4-1　一台 4 磁极额定转速 n_N=1 440 r/min 的三相异步电动机，频率为 50 Hz，试求它额定负载运行时的转差率 s_N。

解： $n_1 = \dfrac{60 f_1}{p} = \dfrac{60 \times 50}{2} = 1500\ (\text{r/min})$

$$s_N = \frac{n_1 - n_N}{n_1} = \frac{1500-1440}{1500} = 0.04$$

三、三相异步电动机的电磁转矩与机械特性

（一）电磁转矩

三相异步电动机的电磁转矩应与磁场强弱、转子感应电流成正比，所以电磁转矩 T 为

$$T = C_T \Phi I_2 \cos\varphi_2$$

式中，T 与转子绕组电路的功率因数有关，这是由于转子绕组是感性电路，电动机电磁转矩产生的机械功率与电路的平均功率对应；C_T 是由电动机自身结构决定的系数，称为电动机的转矩常数。

1. 磁通

三相异步电动机的结构和工作原理与变压器相似，三相异步电动机的定子绕组和转子绕组，相当于变压器的一次绕组和二次绕组，定子绕组和转子绕组之间没有电的联系，只有磁的联系，两者彼此是相互独立的电路。通过向定子绕组输入三相交流电流，产生旋转磁场，旋转磁场以同步转速 n_1 切割静止的定子绕组，产生感应电动势 E_1 与变压器原理相似，即

$$U_1 \approx E_1 \approx 4.22 f_1 N_1 \Phi$$

即

$$\Phi = \frac{U_1}{4.44 f_1 N_1}$$

可知，旋转磁场的磁通量 Φ 由电源电压 U_1 决定。当电源电压不变时，磁通量基本是一个恒定值，与电动机所带的机械负载无关。

异步电动机的转子绕组相当于变压器的二次绕组，利用电磁感应原理，在转子绕组内感生电流，其感应电动势 E_2 为

$$E_2 \approx 4.44 f_2 N_2 \Phi$$

但转子绕组电路中感应电动势和电流的频率 f_2 与异步电动机所加电源信号的频率不相同。这是因为异步电动机的转子转速总是略低或略高于旋转磁场的转速，所以旋转磁场以同步转速 n_1 切割定子绕组，而以相对转速切割转子绕组。旋转磁场的转速 n_1 与转子转速 n 之差称为转差，用 Δn 表示，$\Delta n = n_1 - n$。转差 Δn 与同步转速的比值称为转差率，用 s 表示，即

$$s = \frac{n_1 - n}{n_1}$$

此时，转子回路中感应电动势和电流的频率为

$$f_2 = \frac{p(n_1 - n)}{60} = \frac{pn_1}{60}\frac{n_1 - n}{n_1} = sf_1$$

则转子感应电动势为

$$E_2 \approx 4.44 f_2 N_2 \varPhi \approx 4.44 s f_1 N_2 \varPhi$$

2. 转子电流

$$I_2 = \frac{E_2}{\sqrt{R_2^2 + X_2^2}}$$

式中，R_2为转子每相电阻；X_2为每相转子感抗。当电动机启动时，转子转速 $n = 0$，转差率为 1，转子每相的感应电动势为

$$E_{2s} = 4.44 f_1 N_2 \varPhi$$

不难看出，电动机正常运行时转子绕组的感应电动势在数值上为

$$E_2 = sE_{2s}$$

电动机在启动瞬间，其感抗值为

$$X_{2s} = 2\pi f_{2s} L_2 = 2\pi f_1 L_2$$

则电动机在运行时的感抗值为

$$X_2 = sX_{2s}$$

转子电流的有效值和功率因数分别为

$$I_2 = \frac{E_2}{\sqrt{R_2^2 + X_2^2}} = \frac{sE_{2s}}{\sqrt{R_2^2 + (sX_{2s})^2}}$$

$$\lambda_2 = \cos\varphi_2 = \frac{R_2}{\sqrt{R_2^2 + X_2^2}} = \frac{R_2}{\sqrt{R_2^2 + (sX_{2s})^2}}$$

将$\varPhi$、I_2、λ_2的表达式代入转矩 T 的表达式中，可得到：

$$T = C_{\mathrm{T}} \varPhi I_2 \cos\varphi_2 = C_{\mathrm{T}} \frac{U_1}{4.44 f_1 N_1} \frac{sE_{2s}}{\sqrt{R_2^2 + (sX_{2s})^2}} \frac{R_2}{\sqrt{R_2^2 + (sX_{2s})^2}} = KU_1^2 \frac{sR_2}{R_2^2 + (sX_{2s})^2}$$

（二）异步电动机的机械特性

1. 机械特性

为了更好更直接地表示电磁转矩和转速之间的关系，可以根据转速与转差率的关系，曲线 $n = f(s)$ 称为异步电动机的机械特性曲线，如图 4-6 所示。

图 4-6 中，当转子静止时，n=0，s=1，对应的启动转矩为 T_Q，只要启动转矩 T_Q 大于负载转矩，转子就开始旋转，并逐渐加速。从机械特性可以看出，$0 < n < n_{\mathrm{m}}$ 区间，

转速升高，电磁转矩加大，电磁转矩大于负载转矩，所以电动机一直处于加速状态。过 n_m 点后，转速再升高，T 将随之减小，直到电磁转矩等于负载转矩，电动机便进入稳速运行。若负载转矩为额定值，则稳定转速为额定转速 n_N。机械特性上，$T=0$，$s=0$，$n=n_1$，为同步运转点。

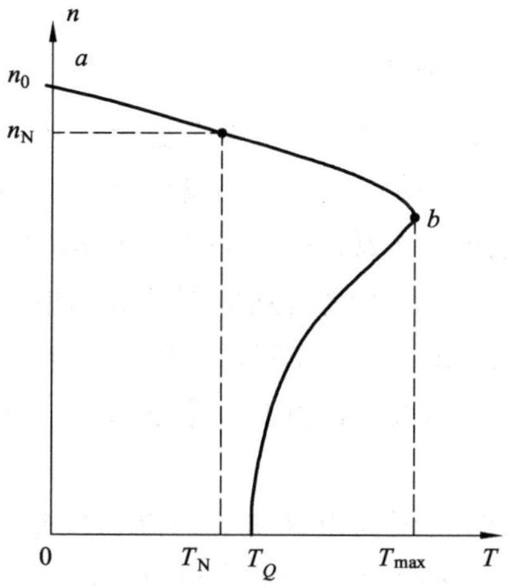

图 4-6　异步电机机械特性

电动机在 ab 区段稳定运行时，若负载增大，转速下降，则电磁转矩自动增大，当电磁转矩与负载转矩达到新的平衡时，转速又恢复稳定。机械特性的 ab 段称为稳定运行区段。当负载转矩的增加超过了最大转矩 T_{max}，则电动机的电磁转矩总小于负载转矩，转子减速，直至停转。

2. 额定转矩和过载能力

当异步电动机在额定状态下运行时，从其转轴上以转矩的形式输出动力，此时的转矩为额定转矩。从物理学受力平衡的角度出发，电机在匀速运行时，电机的电磁转矩必与电机的负载阻力转矩相平衡，异步电动机的额定转矩为

$$T_N \approx 9550\frac{P_N}{n_N}$$

从上式可得，输出功率相同的电动机，转速低的转矩大，转速高的转矩小。当输出功率一定时，额定转矩与转速成反比，也近似与磁极对数反比，因此，相同功率的异步电动机，磁极对数越多，或者转速越低，其额定转矩越大。

当电动机负载转矩大于最大转矩时，电动机就因带不动负载而停转，此时电动机电流能很快升至(5 ~ 7) I_N，致使电动机定子绕组过热而烧毁。

最大转矩对电动机的稳定运行有着重要的意义。当电动机负载突然增加，短时过载时，负载转矩短时接近最大转矩，要求电动机仍能稳定运行，由于负载过载时间短，电机绕组还不至于过热。这就需要电动机不能因为短时过载而停转，即电动机要有一定的过载能力。

将最大转矩与额定转矩的比值用λ_m表示，称为异步电动机的过载能力，也称为过载系数。其值一般为1.6～2.5。

四、三相电动机的启动、调速与制动

（一）三相异步电动机的启动

电动机接上电源，转速由零开始增大，直至稳定运转状态的过程，称为启动过程。

对电动机启动的要求是：启动电流小，启动转矩大，启动时间短。

当鼠笼型异步电动机刚接上电源，转子尚未旋转瞬间（n=0），定子的旋转磁场对静止的转子相对转速最大，于是转子绕组感应电动势和电流也最大。它往往可达5～7倍的额定电流。由理论分析指出，启动瞬间转子电流虽大，但转子的功率因数是很低，故此时转子电流的有功分量却不大，因此启动转矩不大，所以笼型异步电动机的启动性能较差。

当电动机不是频繁启动时，因为电动机的启动时间很短，启动电流对电机本身影响不大。但当启动频繁时，由于热量的积累，可以使电机过热。

但是，过大的启动电流将引起瞬间线路压降，从而影响工作在同一电网上的用电设备的正常运行。

笼型异步电动机的启动方法有直接启动（全压启动）和降压启动两种。

1. 直接启动

直接启动就是利用闸刀开关或接触器将电动机直接接到额定电源上。这种启动方法虽然简单，但如上所述，由于启动电流较大，将使线路电压下降，影响负载的正常工作。一般只有功率在二三十千瓦以下的异步电动机才能采用直接启动的方法来启动。而对于功率较大的异步电动机通常都采用降压启动。

2. 降压启动

所谓降压启动就是在电动机启动时，降低其所加的电压。其目的就是要限制启动电流。但在限制启动电流的同时，启动转矩也受到限制，因此它只适用于在轻载或空载情况下启动。降压启动通常采用下面几种方法。

（1）星形-三角形（Y-△）换接启动。

该方法只适合于定子绕组为三角形连接，且每相绕组都有两个引出端的三相鼠笼型异步电动机。原理接线如图4-7所示。

Y-△换接的降压原理：电动机正常运行时（三角形连接），加在每相绕组上的电压是线电压，而启动时为星形连接，则加在每相绕组上的电压是相电压，它为额定电压的$1/\sqrt{3}$，故为降压启动。当启动完毕，把定子绕组又换接（恢复）成三角形连接。

如有一台三角形连接的电动机，接在电压为380 V的电源上，其每相定子绕组上的电压就是380 V；当采用星形连接并接在相同电源上，此时每相定子绕组上的电压是

220 V。

由三相交流电路知识可知：

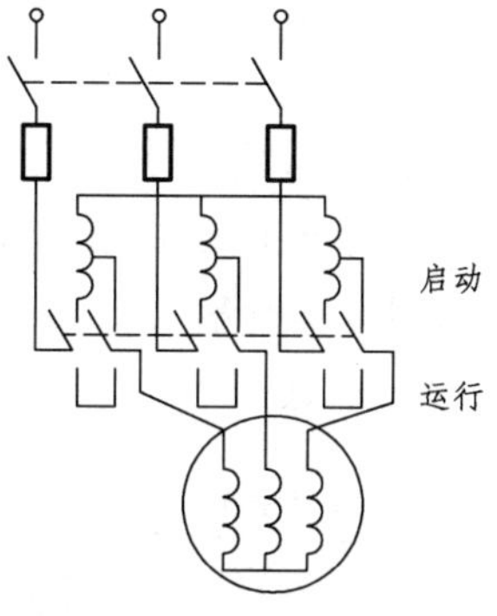

图 4-7　Y-△换接启动

$$I_{L\triangle} = \sqrt{3} I_{P\triangle} = \sqrt{3} \frac{U_L}{|Z|}$$

$$I_{LY} = I_{PY} = \frac{U_L / \sqrt{3}}{|Z|}$$

通过计算可以看出，星形连接启动时的启动电流为三角形连接直接启动时的 1/3。

由于转矩与电压的平方成正比，所以启动转矩也减小到直接启动时的 1/3。因此，这种方法只适合于空载或轻载时启动。

Y-△启动设备简单，成本低廉，操作方便，运行可靠，使用寿命长。目前，4 ~ 100 kW 的鼠笼型异步电动机均设计成 380 V 的三角形连接，因此，此启动方法得以广泛应用。

（2）自耦降压启动。

自耦降压启动是利用三相自耦变压器将电动机在启动过程中的端电压降低，其接线如图 4-8 所示。

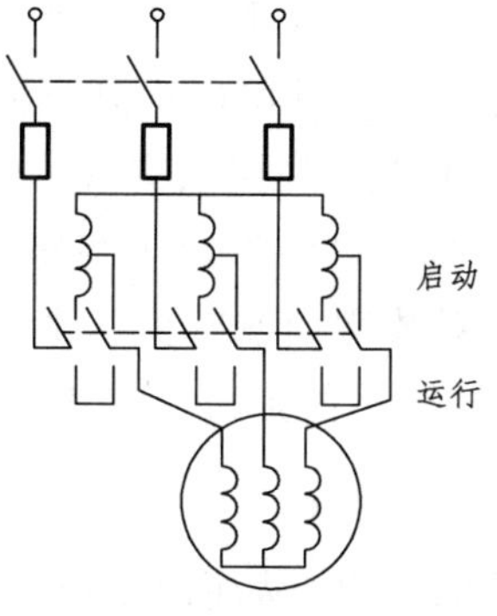

图 4-8　自耦降压启动

自耦变压器备有抽头，以便得到不同的电压（例如为电源电压的 73%、64%、55%），根据对启动转矩的要求而选用。

自耦降压启动适用于容量较大的或正常运行时连接成星形不能采用三角启动器的鼠笼型异步电动机。

（3）接启动电阻启动。

对于绕线型电动机（如卷扬机、起重机等）的启动，只要在转子电路中接入大小适当的启动电阻，就可达到减小启动电流的目的；同时启动转矩也提高了。绕线型异步电动机转子绕组电阻启动电路如图 4-9 所示。

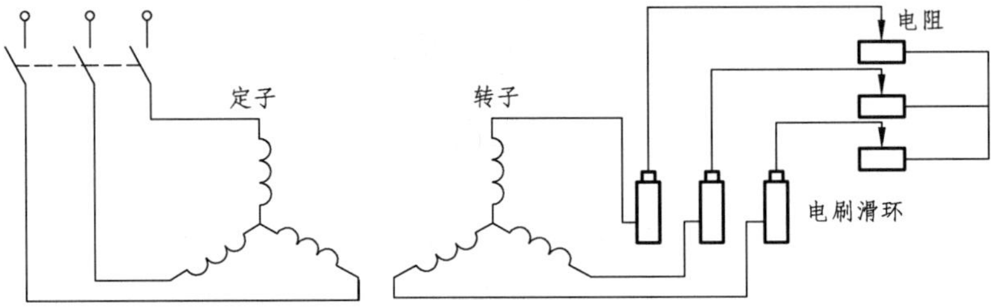

图 4-9　绕线型异步电动机转子绕组电阻启动

（二）三相异步电动机的调速

为了提高生产效率或满足生产工艺的要求，许多生产机械在生产过程中都需要调速。由式（4-11）和式（4-12）可得：

$$n=(1-s)n_1=(1-s)\frac{60f_1}{p} \tag{4-13}$$

由上式可知，三相异步电动机的调速方法有变极（p）调速、变频（f_1）调速和变转差率（s）调速。

前两者是鼠笼型电动机的调速方法，后者是绕线式电动机的调速方法。下面我们分别讨论。

1. 变极调速

由式 $n_1=60f_1/p$ 可知，如果极对数减小一半，则旋转磁场的转速便提高一倍，转子转速差不多也提高一倍，因此，改变 p 可以得到不同的转速。

如何改变极对数呢？这同定子绕组的接法有关。设定子绕组由两个完全对称的线圈构成，每一个线圈组称半相绕组。只要将定子绕组的两个半相绕组中的任何一个半相绕组的电流反向，就可将磁极对数增加或减少一半。

p 的变化不连续，电动机的转速不能连续、平滑地调节。故变极调速是有级调速。

2. 变频调速

变频调速就是改变电源电压的频率，从而改变电动机的转速。目前主要采用图 4-10 所示的变频装置。

整流器先将 50 Hz 的交流电变换为直流电，再由逆变器变换为频率可调、电压有效值也可调的三相交流电，供给鼠笼型异步电动机。由此可得到电动机的无级调速。

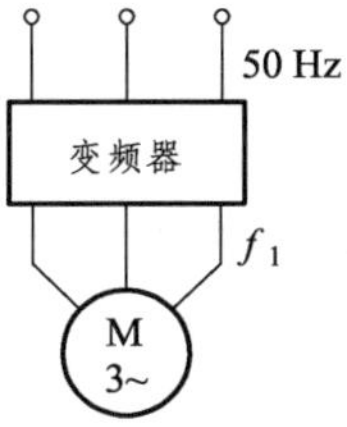

图 4-10　变频调速

3. 变转差率调速

只要在绕线式电动机的转子电路中接入一个调速电阻，改变电阻的大小，就可以得到平滑调速。如增大调速电阻时，转差率上升，而转速下降。这种调速方法的优点是设备简单、投资少，但能量损耗较大。

目前，这种调速方法广泛应用于起重设备中。

五、三相异步电动机的制动

因为电动机的转动部分有惯性，所以把电源切断后，电动机还会继续转动一定时间后停止。为了缩短辅助工时，提高生产机械的生产率，并为了安全起见，往往要求电动机能够迅速停车和反转。这就需要对电动机制动。制动是指断开电动机的电源时，克服转子的惯性作用，迅速而准确地停止转动。对电动机制动，也就是要求它的转矩与转子的转动方向相反。这时的转矩称为制动转矩。

异步电动机常用的制动方法分为机械制动和电气制动两种。

机械制动中最常用的是电磁抱闸。它是利用弹簧的压力使闸瓦紧紧压在电动机转轴的闸轮上来制动的，该制动的制动力强，广泛应用在起重设备上。它安全可靠，不会因突然断电而发生事故。但电磁抱闸体积较大，制动器磨损严重，快速制动时会产生振动。

常用的电气制动有能耗制动、反接制动和回馈制动。

1. 能耗制动

如图 4-11 所示为能耗制动的电路。

停车时，运转的电动机脱离三相交流电源，定子绕组接至直流电源上，产生直流电流。该电流产生一个静止的恒定磁场。由于机械惯性继续旋转的转子导体，因切割静止磁场产生感应电动势和电流，并在恒定磁场下产生电磁转矩，该转矩与转子旋转方向相反，故为制动转矩，使转子迅速停止。这种制动方法把电动机轴上的旋转动能转变为电能，消耗在回路电阻上，故称为能耗制动。在实际中，能耗制动的直流电源一般通过整流设备将交流变为直流获得。

能耗制动的优点：制动较强且平稳准确，无冲击；缺点：需整流设备和限流电阻，低速时制动转矩小。

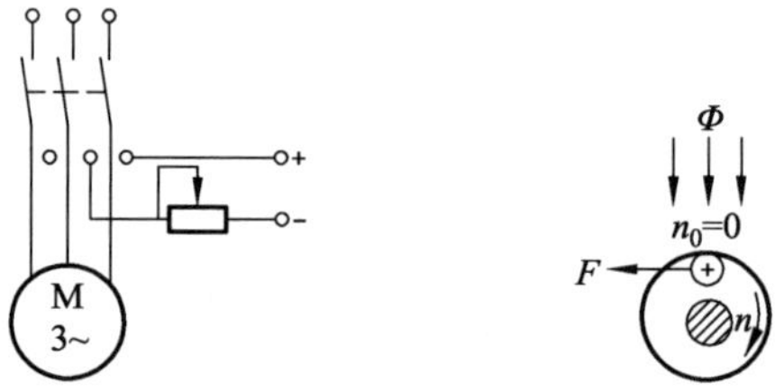

（a）接线图（b）制动转矩的产生

图 4-11　能耗制动

2. 反接制动

如图 4-12 所示为反接制动的电路。

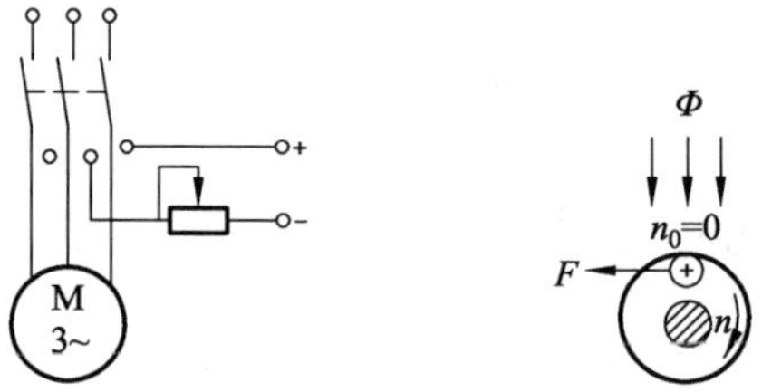

（a）接线图（b）制动转矩的产生

图 4-12　反接制动

停车时，将电动机接电源的任意两相反接，使电动机由原来的旋转方向反过来，以达制动的目的。

这种方法制动比较简单，制动效果较好，在某些中型机床主轴的制动中常采用，但能耗较大。

3. 回馈制动

如图 4-13 所示为回馈制动的电路。

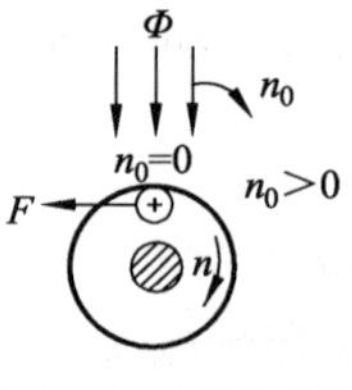

图 4-13　回馈制动

回馈制动发生在电动机转速 n 大于旋转磁场转速 n_0 的时候，如当起重机下放重物时，重物拖动转子，使转速 $n>n_0$。这时转子切割定子旋转磁场方向与原电动状态相反，则转子绕组感应电动势和电流方向也随之相反，电磁转矩方向也反了，即由转向同向变为反向，成为制动转矩，使重物受到制动而匀速下降。实际上这台电动机已转入发动机状态，它将重物的势能转变为电能而回馈到电网，故称回馈制动。

六、三相电动机的铭牌数据

要正确使用电动机，必须要看懂铭牌。今以 Y132M-4 型电动机为例，来说明铭牌上各个数据的意义。

三相异步电动机的技术参数如图 4-14 所示。

三相异步电动机		
型号　Y132M－4	功率　7.5 kW	频率　50Hz
电压　380 V	电流　15.4 A	接法　△
转速　1440 r/min	效率　87%	功率因数　0.85
绝缘等级　B	工作方式　连续	质量　kg
年　月	编号	××电机厂

图 4-14　三相异步电动机的技术参数

1. 型号

为了适应不同用途和不同工作环境的需要，电动机制成不同的系列，每种系列用各种型号表示。型号用以表明电动机的系列、几何尺寸和极数（见图 4-15）。

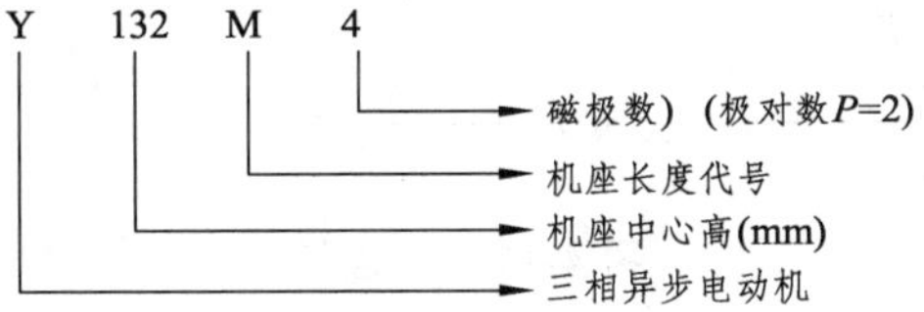

图 4-15　型号

异步电动机产品名称代号见表 4-1。

表 4-1　异步电动机产品名称代号

产品名称	新代号	汉字意义	老代号
异步电动机	Y	异	J、JO
绕线型异步电动机	YR	异绕	JR、JRO
防爆型异步电动机	YB	异爆	JB、JBO
高启动转矩异步电动机	YQ	异启	JQ、JQO

2. 连接方法

电动机定子三相绕组的连接方法通常为：

Y 系列电动机功率在 3 kW 以下采用 Y 连接，如图 4-16 所示，功率在 4 kW 以下采用△连接，如图 4-17 所示。

3. 电压

铭牌上所标的电压值是指电动机在额定运行时定子绕组上应加的线电压。例如 380/220 V、Y/△是指线电压为 380 V 时采用 Y 连接；线电压为 220 V 时采用△连接。

三相异步电动机的额定电压有 380 V，3 000 V 及 6 000 V 等多种。

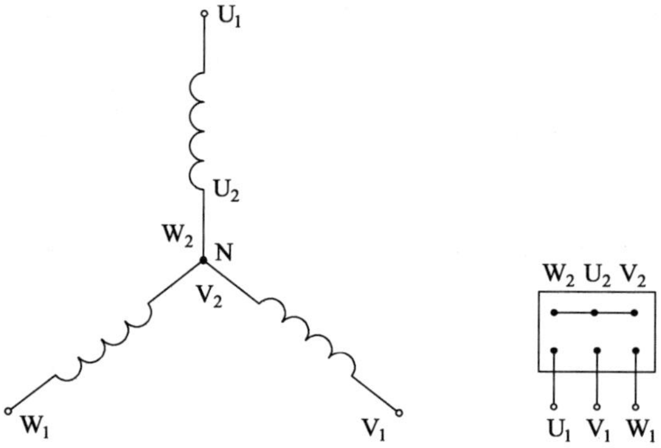

图 4-16　Y 连接

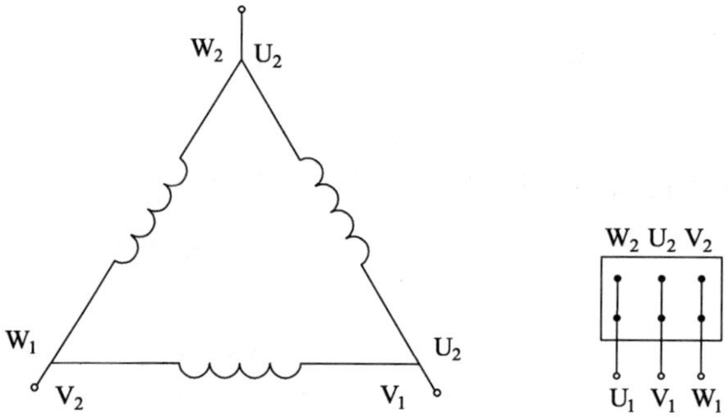

图 4-17　△连接

4. 电流

铭牌上所标的电流值是指电动机在额定运行时定子绕组的线电流。

例如：Y/△、6.73/11.64 A 表示星形连接下电机的线电流为 6.73 A；三角形连接下线电流为 11.64 A。两种接法下相电流均为 6.73 A。

5. 功率与效率

铭牌上所标的功率值是指电动机在额定运行时轴上输出的机械功率值。所谓效率就是输出功率与输入功率的比值。

额定功率是指电机在额定运行时轴上输出的机械功率 P_2，它不等于从电源吸取的电功率 P_1。

$$P_1 = \sqrt{3} U_N I_N \cos\varphi \tag{4-14}$$

$$\eta = \frac{P_2}{P_1} \tag{4-15}$$

6. 功率因数

因为电动机是电感性负载，定子相电流比相电压滞后一个φ角。$\cos\varphi$就是功率因数。

三相异步电动机的功率因数较低，在额定负载时约为 0.7 ~ 0.9。空载时功率因数很低，只有 0.2 ~ 0.3。额定负载时，功率因数最高。

7. 转速

由于生产机械对转速的要求不同，需要生产不同磁极数的异步电动机，因此有不同的转速等级。最常用的是四磁极的（n_0=1 500 r/min）异步电动机。

8. 绝缘等级

指电机绝缘材料能够承受的极限温度等级，分为 A、E、B、F、H 五级，A 级最低（105 °C），H 级最高（180 °C）。

9. 工作方式

对电动机在铭牌规定的条件下持续运行时间的限制，以保证电动机的温升不超过允许值。电动机的工作方式可分为连续工作、短时工作、断续周期性工作。

10. 频率

频率是指电动机所用交流电源的频率，我国电力系统规定为 50 Hz。

11. 温升

电动机的温升是指允许电动机绕组温度高出周围环境温度的最大温差。

【任务实施】

一、器材、元件

三相异步电动机、交流接触器、按钮、熔断器、表示灯、隔离开关、导线。

二、电路工作原理

电路工作原理如图 4-18 所示。

三相交流电机控制电路

三、实施步骤

（1）按照图所示线路进行接线。接线完毕并确定无误后，合上电源开关 QS，接通 220 V 三相交流电源。

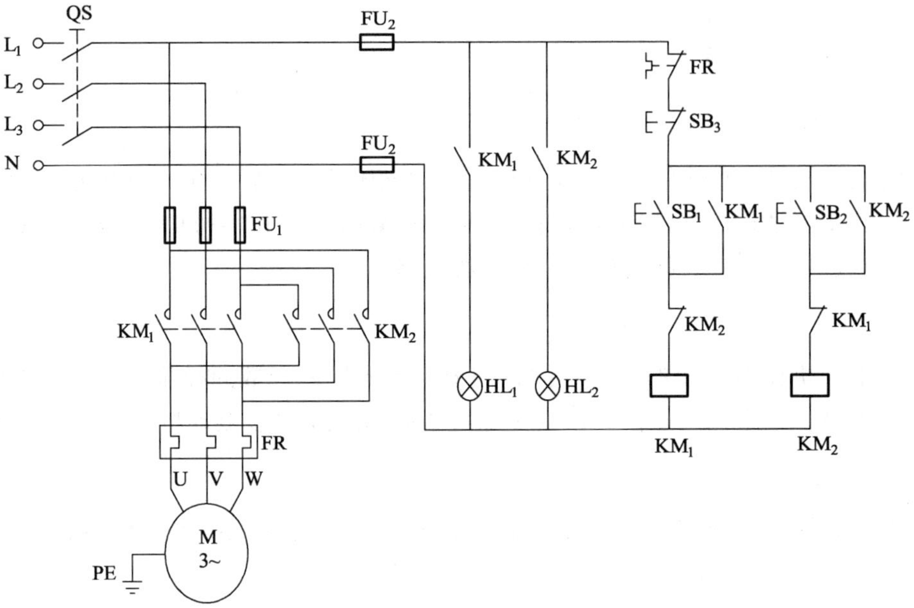

图 4-18　接触器联锁电动机正、反转控制线路

（2）按下 SB_1，观察并记录电动机 M 的转向、各触点的吸断情况。

（3）按下 SB_3，观察并记录电动机 M 的转向、各触点的吸断情况。

（4）按下 SB_2，观察并记录电动机 M 的转向、各触点的吸断情况。

注意事项：

（1）在实验前，要检查电动机能否灵活转动（不能卡死）。

（2）注意整定热继电器的“整定电流”值（与所保护的电动机的额定电流相等）。

（3）接线、查线与拆线时，必须断开电源。

（4）合闸后，不论是否通电，均不允许用手去触摸带电体，或通电导线与通电器件。

（5）合闸时，必须保证实验小组全体成员知晓，以免其他成员不慎触电。

（6）发生短路烧掉熔芯后，必须查找原因，排除故障，不能贸然再次合闸。

（7）当三相异步电动机启动时，发现电机有嗡声，但不转动，表明三相中缺掉一相，处于单相运行状态，必须立即断开开关，查找原因。

（8）控制电路采取先串后并，按接触器、继电器线圈依次接线。注意延时动断与动合触点的识别。

【任务小结】

（1）画出电动机正反转控制电路。

（2）写出按下 SB_1 按钮与 SB_2 按钮后，各电气元器件动作的顺序（流程图）。

（3）KM_1 与 KM_2 两接触器可否同时吸合，若同时吸合，会产生怎样的后果？通常又采用什么措施使之避免？

项目检测

4-1　若电源电压低于变压器的额定电压，输出功率应如何适当调整？若负载不变会引起什么后果？

4-2　变压器能否改变直流电压？为什么？

4-3　三相异步电动机在正常运行时，如果转子突然被卡住，试问这时电动机的电流有何变化？对电动机有何影响？

4-4　三相异步电动机在额定状态附近运行，当（1）负载增大；（2）电压升高；（3）频率增大时，试分别说明其转速和电流作何变化？

4-5　有的三相异步电动机有 380/220 V 两种额定电压，定子绕组可以接成星形或者三角形，试问何时采用星形接法？何时采用三角形接法？

4-6　在电源电压不变的情况下，如果将三角形接法的电动机误接成星形，或者将星形接法的电动机误接成三角形，其后果如何？

4-7　三相异步电动机采用降压启动的目的是什么？

4-8　有一单相照明变压器，容量为 10 kV·A，电压 3300/220 V。今欲在副绕组接上 60 W、10、220 V 的白炽灯，如果要变压器在额定情况下运行，这种白炽灯可接多少个？原、副绕组的额定电流是多少？

4-9　将 R_L=8 Ω 的扬声器接在输出变压器的副绕组，已知 N_1=300，N_2=100，信号源电动势 E=6 V，内阻 R_{S1}=100 Ω，试求信号源输出的功率。

参考文献

[1] 马磊. 电子技术[M]. 北京：中国电力出版社，2013.

[2] 夏继军. 电子技术[M]. 北京：北京邮电出版社，2015.

[3] 余红娟. 模拟电子技术[M]. 北京：高等教育出版社，2013.

[4] 吴春诚. 数字电子技术[M]. 北京：科学出版社，2010.

[5] 夏奇兵. 电工电子技术基础[M]. 北京：机械工业出版社，2011.